大学入学共通テストが目指す

新学力観

数学ⅠA

快刀乱麻を断つ
数魔鉄人

ブラックタイガー
黒岩虎雄

現代数学社

快刀乱麻を断つ

数魔鉄人

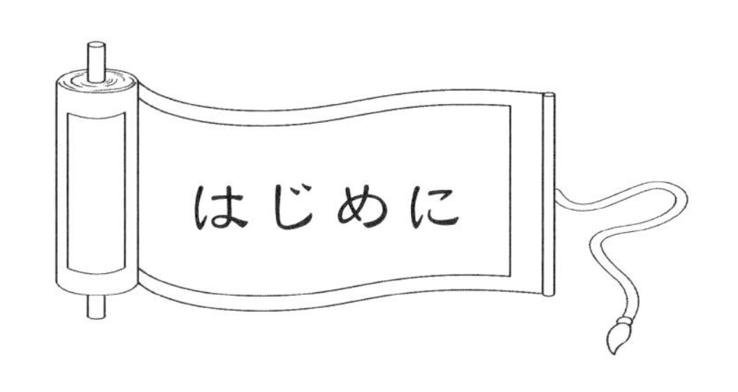

2020 年教育改革の目玉コンテンツとなる，大学入学共通テストの初回の実施（2021 年 1 月）が近づいてまいりました．来たる新テストに向けての主要な動きとしては，近年に限っても 2017 年 11 月第 1 回試行調査（プレテスト）の実施，2018 年 3 月新学習指導要領の告示，2018 年 11 月第 2 回試行調査（プレテスト）の実施，といったものがあります．これらを受けて，著者らも『現代数学』誌上において「大学入学共通テストが目指す新学力観」の連載を始めました．本書は，2019 年 5 月号から 2020 年 6 月号までに掲載した全 14 回の連載記事を単行本としてまとめたものの前半部分です．

連載の期間中，著者らが「政権ちゃぶ台返し」と呼ぶ大きな動きもありました．2019 年 11 月の英語外部試験実施延期の決定や，同年 12 月の，国語と数学における記述式問題の実施延期，といったものが大きな政策変更として注目されます．特に前者は，高校の現場においても混乱を余儀なくされる決定となりました．本連載の前半（数学 I）では，共通テストの数学 I（必修部分）において，記述式問題が含まれることを前提とした内容が含まれています．連載記事投稿後に「記述式延期」の決定が行われましたが，本書に収録するにあたり，当初の記述式問題があることを前提とした記載を，そのまま残すことといたしました．

各章の構成としては，まず試行調査（プレテスト）の該当分野の問題（2 回分の 2 題）を検討し，その上で著者らが作成した予想問題を配置しました．新たな大学入学共通テストについては，まだ実施前の段階での出版ということもあり，著者らの間でも見解が分かれることがらも存在します．そこで，雑誌の連載時点と同様，本書の中においても，著者の責任の分担を明示するような形で，記名にて掲載をしています．

初回の大学入学共通テストの実施まであと半年程度という段階での本書の出版は，単行本にするには，書籍の賞味期限が短くなってしまう虞れもあるところ，現代数学社の富田淳社長には，このタイミングでの本書の社会的意義をご理解いただき，快く単行本化の決定をしてくださいました．著者らは心より感謝しています．

本書は，受験生の方々の学習の役に立つこととともに，指導者の皆様の研究資料として，教壇での指導にフィードバックされるような材料をお示しできるとすれば，著者らとしては望外の喜びです．

令和２年４月
ブラックタイガー
黒岩虎雄

大学入学共通テストが目指す
数学の新学力観
数学ⅠA

第1章 数と式・2次関数

1　新学力観を巡る現場の状況

黒岩虎雄

著者らは，高校生および大学受験生の指導にあたる者である．数魔は予備校で，黒岩は高等学校で，それぞれ教壇に立っている．（2018 年 3 月）現在の高校 1 年生（2019 年 4 月から 2 年生）になる学年の指導も行っている．この学年は，2021 年 1 月から始まる大学入学共通テスト（以下「新テスト」と呼ぶ）を受験する最初の学年である．筆者が面識をもつ範囲で，各地の公立高校・私立高校の状況を観察してみると，この学年の学年主任や教科担当に，指導力の高い教員資源が注ぎ込まれている事例が多いように見受けられる．文科省が目指している高校教育改革を忠実に実行する学校（地域）もあれば，一定の距離を置く学校もある．

大学入試センターにより，すでに 2 回（2017 年と 2018 年）の試行調査（プレテスト）が行われている．その様子はすでに『現代数学』誌上でもレポートがなされている．新しい方向の《数学観》が示されているわけだが，高等学校の現場は，しっかり対応しているところ，対応しようとしているがどうすればよいのか決めかねているとこと，何も対応していないところ，と分かれている．このままでは，2021 年以降の入試で大きな学校間格差が生じ，それは固定化されていくことであろう．

筆者は『現代数学』誌の別稿で「高校教員よ，試験問題くらい，自力で作れ！」（2019 年 2 ～ 4 月号）などと放言をさせてもらっているところであるが，今般の《新学力観》への対応も，2018 年度時点で高校 2 ～ 3

年生を担当する教員にとっては「他人事」に過ぎないようである．プレテストの問題もいまだに解いていない数学教員が多数におよぶのは，残念なことである．

現行の大学入試センターから新テストへの移行が，大きな変革を伴うのか，微小な移行を年次で積み重ねていくのか，現時点では「よくわからない」としか言いようがない．指導者の周囲の言論を観察していると，「大きな変化が起こるので対応しないと取り残される」と危機感を煽るタイプ（煽り型）から，「数学の本質に変わりはない」と冷ややかで対応しないタイプ（放置型）まで，さまざまである．煽り型の人たちは，本当にそうなると確信を持って旗を振っておられるのであればそれはそれで構わないと思うが，中には商売もしくは売名のチャンスとばかりに《ポジショントーク》をバラ撒いているように思われるケースも見かける．放置型の人たちの中には，「そんなに大きく変えたら生徒が対応できない」「いずれ出題のネタが尽きるだろう」と言って，自分たちが新たな対応の労力をかけることを惜しむのを正当化する《現状維持バイアス》に浸かっているケースも見かける．いずれの言論も，立場性がにじみ出ていて，素直に真に受けるわけにもいかないようだ．

かくいう筆者らにも，本稿において《ポジショントーク》や《現状維持バイアス》を完全に除去することは，おそらく難しいことを認めざるを得ない．そこで，言論に責任を持たせる趣旨により，各々記名で臨むこととした．それでは，単元ごとに分析を始めよう．

２　数と式（試行調査から）

試行調査2018より

有理数全体の集合を A，無理数全体の集合を B とし，空集合を$\emptyset$と表す．このとき，次の問いに答えよ．

(1)　「集合 A と集合 B の共通部分は空集合である」という命題を，記号を用いて表すと次のようになる．

$A\cap B=\emptyset$

「1のみを要素に持つ集合は集合 A の部分集合である」という命題を，記号を用いて表せ．解答は，解答欄 **(あ)** に記述せよ．

(2) 命題「$x \in B, y \in B$ ならば，$x+y \in B$ である」が偽であることを示すための反例となる x, y の組を，次の ⓪〜⑤のうちから二つ選べ．必要ならば，$\sqrt{2}, \sqrt{3}, \sqrt{2}+\sqrt{3}$ が無理数であることを用いてもよい．ただし，解答の順序は問わない． **ア** ， **イ**

⓪　$x=\sqrt{2}, y=0$　　①　$x=3-\sqrt{3}, y=\sqrt{3}-1$

②　$x=\sqrt{3}+1, y=\sqrt{2}-1$　　③　$x=\sqrt{4}, y=-\sqrt{4}$

④　$x=\sqrt{8}, y=1-2\sqrt{2}$　　⑤　$x=\sqrt{2}-2, y=\sqrt{2}+2$

解答例

(あ) $\{1\} \subset A$， **ア** ， **イ** ＝①，④

数魔鉄人

(1) の解答例は $\{1\} \subset A$ であるが，そもそも集合の記号が｛　｝であって，（ ）や［　］ではないことをどの程度現場で強調して教えているのか疑問である．集合を要素を書き並べて表すときは｛　｝を使って自然数全体の集合は $\{1, 2, 3, \cdots\cdots\}$ などと表す，と軽く流しているケースがほとんどではないのかと思う．集合の記号はただの約束事であるから，この記号を問題とするのは？マークがつく．さらに要素を満たす条件を文章や式で示して表してもよいので

$$\{x \mid x=1\} \subset A$$

と表すことも出来る．もちろんこれも正解となるのだろうが，何かしっくりしない問題との印象を受けるが，いかがであろうか．

いろいろ調べてみたが集合の記号は｛　｝で国際的に統一されているようなので，問題はないが，主に問いたい資質・能力が「数字における基本的な概念や原理・法則の体系的な理解」といわれるとさすがにこの問いはどうかなという感じである．なお (1) の記述解答は

$A\cap\ \{1\}\ =\ \{1\}$

と書くのが適切ではないかと個人的には考える．

黒岩虎雄

集合の記号に関しての話から入ろう．学習指導要領解説（平成 30 年 7 月）には，「集合については，基本的な事柄として,集合に関する用語・記号 $a\in A$，$A\cap B$，$A\cup B$，$A\subset B$，$\overline{A}$（A の補集合）などを取り扱う」こととされている．現行の検定教科書においても，12 の正の約数全体の集合 A を $A=\{1,2,3,4,6,12\}$ のように表記する外延的記法と，正の偶数全体の集合 B を $B=\{2n|n=1,2,3,\cdots\cdots\}$ のように表記する内包的記法が紹介されている．新テストもまた，学習指導要領に準拠していることがルールであるのだから，検定教科書の記載内容を定着させるのは，数学教員としての義務である．現実には，そうした義務をまともに果たしていない事例も多々見受けられるところであるが．より具体的にいえば「定義や理論をまともに教えず，問題の解き方ばかりを教えている」教員がたくさんいる，という事実である．

なお，「1のみを要素に持つ集合は集合 A の部分集合である」を記述させる本問は，$1\in A$ とか $1\subset A$ といった誤答を想定した出題なのではないか．$1\in A$ は論理上は導くことができる主張であるが，本問においては正解とされないのだろう．また，$1\subset A$ は記号の用法として間違っている．

数魔鉄人

次の (2) は実は難しい問題で，「$x\in B, y\in B$ の部分が偽であれば

「$x\in B, y\in B$ ならば $x+y\in B$」は真となる．

本問の場合は命題が偽であるので上記のようなことを考えないで

$$x = 3 - \sqrt{3},\ y = \sqrt{3} - 1 \Rightarrow x + y = 2$$
$$x = \sqrt{8} = 2\sqrt{2},\ y = 1 - 2\sqrt{2} \Rightarrow x + y = 1$$

より正解は①と④のときであるとわかる．

おそらく，③を選択肢に加えて引っかけるつもりなのだろうが，$\sqrt{4}$ などという表記の仕方はあまりしないのではないだろうか．論理的に推論することが出題の狙いであるようだが，この問いも単に注意力をみるだけの問題であるように思える．

黒岩虎雄

(2) は，現行の大学入試センター試験においても繰り返し出題されている，含意命題の反例についての問いである．p, q を変数 x についての条件とする．命題「p ならば q」が《真》であるとは，条件 p, q それぞれの真理集合 P, Q について包含関係 $P \subset Q$ が成り立つことである．検定教科書にはこのように説明されている．命題「p ならば q」が《偽》であるとは，仮定 p を満たすが，結論 q を満たさないもの（反例）が存在することである，反例は $P \cap \overline{Q}$ の要素である．これは検定教科書では「さらり」と触れられる程度であるのだが，重要な基本事項なのである．だから何度も出題されてきた．

数魔鉄人

さて，試行調査の問題を分析した結果，次のような問題を作問した．

数魔鉄人の出題

x は実数であるとする．3つの条件 p, q, r を次のように定める．

$p : x$ は有理数である．

$q : x + \sqrt{3}$ は無理数である．

$r : \sqrt{3}x$ は無理数である．

(1)　次の命題のうち真であるものをすべて選べ.

⓪　$\overline{p} \Rightarrow \overline{q}$　　①　$\overline{q} \Rightarrow \overline{p}$

②　$\overline{p} \Rightarrow \overline{r}$　　③　$\overline{r} \Rightarrow \overline{p}$

④　$q \Rightarrow r$　　⑤　$r \Rightarrow q$

⑥　$\overline{q} \Rightarrow \overline{r}$　　⑦　$\overline{r} \Rightarrow \overline{q}$

(2)　次の⓪～⑧のうち正しいものをすべて選べ.

⓪　p は q であるための必要条件であるが十分条件ではない

①　p は q であるための十分条件であるが必要条件ではない

②　p は r であるための必要条件であるが十分条件ではない

③　p は r であるための十分条件であるが必要条件ではない

④　p は q または r であるための必要条件であるが十分条件ではない

⑤　p は q または r であるための十分条件であるが必要条件ではない

⑥　p は q かつ r であるための必要条件であるが十分条件ではない

⑦　p は q かつ r であるための十分条件であるが必要条件ではない

⑧　⓪～⑦はすべて正しくない

解 答 例

(1)　$\sqrt{3}$ は無理数だから

$p \Rightarrow q$ は真

$p \Rightarrow r$ は偽（反例 $x=0$ ）

$q \Rightarrow p.r \Rightarrow p$ は偽だから対偶を考えて $\overline{q} \Rightarrow \overline{p}$ は真である.

また，$q \Rightarrow r$ は偽（反例 $x=\sqrt{3}$ ）

$r \Rightarrow q$ は偽（反例 $x=-\sqrt{3}+2$ ）

であるから　④～⑦はすべて偽.

よって，真であるのは①のみである.

(2)　(1) より $p \Rightarrow q$ のみ真だから正しいのは①と⑤

3　二次関数（試行調査から）

試行調査2018より

関数 $f(x)=a(x-p)^2+q$ について，$y=f(x)$ のグラフをコンピュータのグラフ表示ソフトを用いて表示させる．

このソフトでは，a，p，q の値を入力すると，その値に応じたグラフが表示される．さらに，それぞれの□の下にある ● を左に動かすと値が減少し，右に動かすと値が増加するようになっており，値の変化に応じて関数のグラフが画面上で変化する仕組みになっている．

最初に a，p，q をある値に定めたところ，図1のように，x 軸の負の部分と2点で交わる下に凸の放物線が表示された．

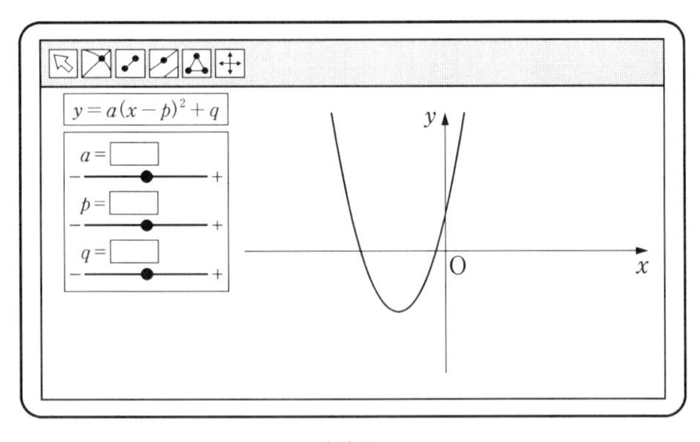

図1

(1)　図1の放物線を表示させる a，p，q の値に対して，方程式 $f(x)=0$ の解について正しく記述したものを，次の⓪〜④のうちから一つ選べ．

ウ

⓪　方程式 $f(x)=0$ は異なる二つの正の解をもつ.

①　方程式 $f(x)=0$ は異なる二つの負の解をもつ.

②　方程式 $f(x)=0$ は正の解と負の解をもつ.

③　方程式 $f(x)=0$ は重解をもつ.

④　方程式 $f(x)=0$ は実数解をもたない.

(2)　次の操作 A，操作 P，操作 Q のうち，いずれか一つの操作を行い，不等式 $f(x)>0$ の解を考える.

操作 A：図1の状態から p, q の値は変えず，a の値だけを変化させる.
操作 P：図1の状態から a, q の値は変えず，p の値だけを変化させる.
操作 Q：図1の状態から a, p の値は変えず，q の値だけを変化させる.

このとき，操作 A，操作 P，操作 Q のうち，「不等式 $f(x)>0$ の解がすべての実数となること」が起こり得る操作は［エ］.

また，「不等式 $f(x)>0$ の解がないこと」が起こり得る操作は［オ］.

［エ］，［オ］に当てはまるものを，次の⓪～⑦のうちから一つずつ選べ.ただし，同じものを選んでもよい.

⓪　ない
①　操作 A だけである
②　操作 P だけである
③　操作 Q だけである
④　操作 A と操作 P だけである
⑤　操作 A と操作 Q だけである
⑥　操作 P と操作 Q だけである
⑦　操作 A と操作 P と操作 Q のすべてである

解 答 例

ウ ＝①，**エ** ＝③，**オ** ＝①

数魔鉄人

試行調査〔2〕の問題はコンピュータのグラフ表示ソフトを用いた問題で，前年（2017 年）の試行調査のときも出題された．2 次関数の係数を動かしてグラフの変化をとらえるのだが，果たしてこのタイプの問題形式が何年も続けられるのかが疑問で，数年でネタ切れになるのではと心配している．

(1) はグラフの原点を読み取るだけの問題で 2 次関数のグラフと 2 次方程式の解の関係が分かっていれば一瞬で片付く．

(2) は良い問題で関数の式をどのように変化させると，不等式の解が与えられた条件をみたすかを考察させる問いである．

$a>0$ のときは下に凸な放物線，$a=0$ のときは x 軸に平行な直線，$a<0$ のときは上に凸な放物線になることを理解していることがポイントである．ひとつ気になるのは計算が全くないことで，理工学教育の基礎としての数学の役割を考えると道具としての役割もとても大切なのでしっかりとした計算力を見られるようにしておきたい．

黒岩虎雄

出題者の「ネタ切れ」について，我々が心配してあげる必要はないと考える．そもそも，現行のセンター試験における「2 次関数」問題のワンパターンさを見るに，現行試験こそ既に《ネタ切れ》を起こしていると言えそうだ．

また，2 回の試行調査から読み取れる「応用数学志向」により，むしろ従来のネタ切れ状態から脱出できる希望が出ていると言えないだろうか．理工学系の学問の中には，数学の《活用》事例は無尽蔵にある．もちろん，このようなマーク式の試験で出題が可能かどうかというのは別の議論が必要であるが．したがって，ネタは尽きないとみる．

それから，ネタ切れが起きたとしても，その《使い回し》はある程度許容できよう．というのも，新テストは「競争試験」よりも「資格試験」の色合いが強くなると見込まれるのであれば，「準備をしてきた受験生の期待を裏切らない出題」というものも必要だ．

数魔鉄人

次の問題を作成した．適度な計算が必要な設定となっている．

数魔鉄人の出題

Oを原点とする座標平面において，2 次関数 $y=ax^2+bx+c$ のグラフが次図のようになっている．なお，A は 2 次関数 $y=ax^2+bx+c$ のグラフと y 軸の交点，B は y 軸上の点で B の y 座標は A の y 座標の 2 倍であり，B を通り x 軸に平行な直線と 2 次関数 $y=ax^2+bx+c$ のグラフとは共有点をもたない．

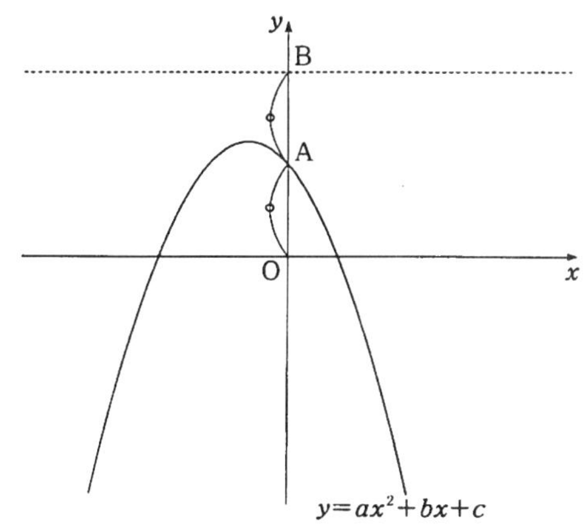

(1)　a, b, c の正負として正しいものを選べ．

⓪　$a>0$, $b>0$, $c>0$　　①　$a>0$, $b>0$, $c<0$

②　$a>0$, $b<0$, $c>0$　　③　$a>0$, $b<0$, $c<0$

④　$a<0$, $b>0$, $c>0$　　⑤　$a<0$, $b>0$, $c<0$

⑥　$a<0$, $b<0$, $c>0$　　⑦　$a<0$, $b<0$, $c<0$

(2)　2次関数 $y=-ax^2+bx+c$，$y=ax^2-bx+c$，$y=ax^2+bx-c$ のグラフの頂点の y 座標をそれぞれ p. q, r とする．p. q, r の正負として正しいものを選べ．

⓪　$p>0,\ q>0,\ r>0$　　①　$p>0,\ q>0,\ r<0$
②　$p>0,\ q<0,\ r>0$　　③　$p>0,\ q<0,\ r<0$
④　$p<0,\ q>0,\ r>0$　　⑤　$p<0,\ q>0,\ r<0$
⑥　$p<0,\ q<0,\ r>0$　　⑦　$p<0,\ q<0,\ r<0$

解 答 例

(1)　$y=ax^2+bx+c$ のグラフは上に凸なので，$a<0$ となる．
$x=0$ とすると $y=c$ となり，これは点 A の y 座標である．
これより，$c>0$ となる．また

$$y=ax^2+bx+c=a\left(x+\frac{b}{2a}\right)^2-\frac{b^2}{4a}+c \quad \cdots\cdots(*)$$

よりグラフの軸の方程式は $x=-\dfrac{b}{2a}$ となるので $-\dfrac{b}{2a}<0$ となり，
$a<0$ とあわせて $b<0$ がわかる．
以上のことより

$a<0,\ b<0,\ c>0$　(選択肢⑥)

となる．

(2)　直線 $y=2c$ と 2次関数 $y=ax^2+bx+c$ のグラフが共有点を持たないことから $-\dfrac{b^2}{4a}+c<2c$ すなわち $-\dfrac{b^2}{4a}<c$ ……(∗)となる．

$$y=-ax^2+bx+c=-a\left(x-\frac{b}{2a}\right)^2+\frac{b^2}{4a}+c$$

$$y=ax^2-bx+c=a\left(x-\frac{b}{2a}\right)^2-\frac{b^2}{4a}+c$$

$$y = ax^2 + bx - c = a\left(x - \frac{b}{2a}\right)^2 - \frac{b^2}{4a} - c$$

より，それぞれ

$$p = \frac{b^2}{4a} + c\ ,\ q = -\frac{b^2}{4a} + c\ ,\ r = -\frac{b^2}{4a} - c$$

となる．(＊) より，$p > 0\ ,\ r < 0$ がわかり，さらに

$$q = -\frac{b^2}{4a} + c > -\frac{b^2}{4a} - \frac{b^2}{4a} = -\frac{b^2}{2a}$$

ここで，$a < 0$ と $b^2 > 0$ より，$-\dfrac{b^2}{2a} > 0$ なので $q > 0$ がわかる．

以上のことより

$p > 0,\ q > 0,\ r < 0$　(選択肢①)

黒岩虎雄

2 次関数の分野の問題は，大学入試センターでもネタ切れを起こしているところで，全般的にかなり「手垢」のついた分野なのだが…….

この問題は，グラフの平行移動によって計算なしで解ける．ゆえに，それに気がつく者は計算なしで解ける．また，気がつかなくても計算によって解答ができる．こうした意味でも良い問題だと思う．

大学入学共通テストが目指す新学力観

数学I・A　第2章
図形と計量

1　新学力観を巡る現場の状況

黒岩虎雄

大学入学共通テストでは，数学Ｉ・Ａと国語において「記述式」の問題が導入されることとなっている．2017 年と 2018 年に 2 回にわたり実施されたプレテスト（試行調査）では，記述式の問いが 3 問ずつ出題された．記述式の導入に伴い，試験時間は 60 分から 70 分に延長されているが，従来型のセンター試験とは問題の質・量ともに変化があるので，正答率は芳しくなかったようである．本年（ 2019 年）4 月 4 日に公表された「結果報告」によれば，2018 年プレテストの記述式（ 3 問）の正答率等は，次のようなものであった．

		割合（%）
問（あ）	正答	5.8%
	誤答	76.9%
	無解答	17.3%
問（い）	正答	10.9%
	誤答	44.5%
	無解答	44.5%
問（う）	正答	3.4%
	誤答	34.6%
	無解答	62.0%

すでにプレテストの問題を検討されている方は，正答率の低さに驚か

れることであろう．「数学の正答率の低さ」は，報道においても強調されていたようである．記述式問題に関する《当局による分析》として，次のような指摘がなされている．

○　数式の記述式問題を 2 問，問題解決のための方略等を端的な短い文で記述する問題を 1 問を出題し，3 問ともに正答率が低かったが，有識者の意見を踏まえると，数式の記述問題の難易度はそれほど高くなかったと考えられる．記述式問題の難易度そのものよりも，マーク式問題も含めた全体の分量と試験時間のバランスが影響したものと考えられる．

○　数学では，マーク式と記述式の問題を混在して出題しているため，記述式問題単独での難易度ではなく，問題全体の中で難易度を考える必要があること，マーク式の設問の正答率も約 9 割程度から約 1 割程度と幅広いことから，数学の記述式問題は試行調査と同程度の難易度を念頭におきつつ，全体の難易度や解答に要する時間等に配慮して作問していくこととする．

問（あ）は，前回に取り上げた「 $\{1\} \subset A$ 」を記述させる問題である．誤答が 76.9 %にのぼるということは，一般的な高校生の日常学習においては，数学記号の使用や書き方について気にも留めていないという事実を窺わせるものである．

問（い）は，今回取り上げるものである．一般的な高校生は，日常事象を数学のことばで書くということに習熟していないのであろう．

問（う）は，無解答が 62.0 %にのぼるが，この問題は記述式の問題にとりかかる前に小問をいくつか解決しておく必要があるため，大問の後半部分に置かれた記述式問題に対応する余裕がない高校生が多かったということであろう．

記述式問題を実施するための課題が明らかになってきた．試験の実施ノウハウを取得するための試行調査（プレテスト）であるから，これを活かして，より良い試験に育てていっていただきたい．

2　図形と計量（試行調査から）

試行調査2018より

久しぶりに小学校に行くと，階段の一段一段の高さが低く感じられることがある．これは，小学校と高等学校とでは階段の基準が異なるからである．学校の階段の基準は，下のように建築基準法によって定められている．

高等学校の階段では，蹴上げが 18cm 以下，踏面が 26cm 以上となっており，この基準では，傾斜は最大で約 35° である．

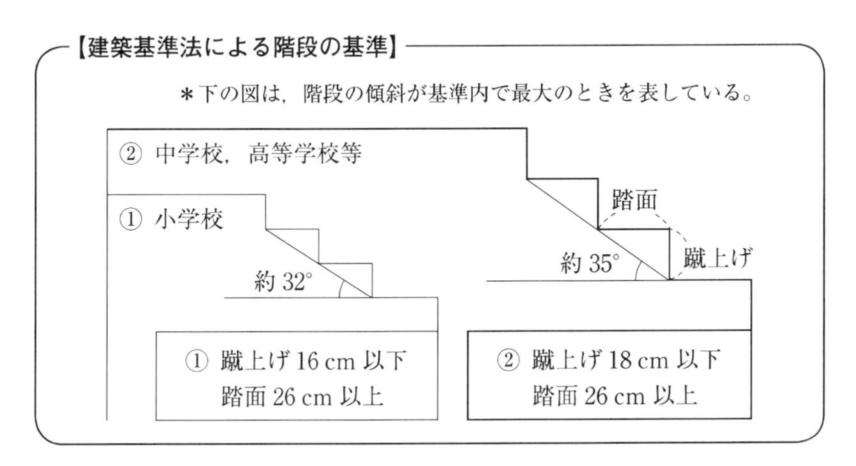

階段の傾斜をちょうど 33° とするとき，蹴上げを 18cm 以下にするためには，踏面をどのような範囲に設定すればよいか．踏面を x cm として，x のとり得る値の範囲を求めるための不等式を，33° の三角比と x を用いて表せ．解答は，解答欄 **(い)** に記述せよ．ただし，踏面と蹴上げの長さはそれぞれ一定であるとし，また，踏面は水平であり，蹴上げは踏面に対して垂直であるとする．

（本問題の図は，「建築基準法の階段に係る基準について」（国土交通省）をもとに作成している．）

（2018年11月試行調査・数学Ⅰ・数学A より）

解 答 例

記述式問題の **(い)** について，大学入試センターの発表は以下の通りである．

《正答例》 $26 \leq x \leq \dfrac{18}{\tan 33^\circ}$

《留意点》

- 「≤」を「<」と記述しているものは誤答とする．
- 33° の三角比を用いず記述しているものは誤答とする．
- 正答例とは異なる記述であっても題意を満たしているものは正答とする．

数魔鉄人

日常生活や社会の問題を数学的にとらえるという意味で新しいタイプの問題で，今後もこの形式の出題が多く見られるようになるだろう．今回は「建築基準法の階段に係る基準について」からの出題で，内容自体は簡単であるが，設問が記述解答になっているところがポイントである．共通テストの大きな改革点として記述式解答の導入がある．数学ⅠA全体で15点分の配点がアリ，しっかりとした対策が要求される．とは言え，試行テストではほぼ答えのみに記述であり，通常の記述問題とは大きく異なり，対策も必要なければ自己採点もぶれはなく，当然採点基準も明快なものであろうと考えていた．おそらく多くの数学教師はそのように考えていただろうと思うが，今回この問題を解いてみて私が感じたのは採点基準の作成も自己採点も簡単ではないということだ．

ちなみに **(い)** の解答として私が考えたのは $x \leq \dfrac{18}{\tan 33^\circ}$ である．ところが，大学入試センター発表の正解は $26 \leq x \leq \dfrac{18}{\tan 33^\circ}$ となっている．左側の不等式をかかないと 0 点になるのか，それとも減点されるのか．この問題文から学校の階段と特定できるのか，また特定できたとしても左側の不等式は明らかということで不要ではないのか．など疑問点がいくつも湧いてくる．日常生活を数理的にとらえ，数学的に表現する問題は確かに魅力的ではあるが，それを不備なく競争試験として仕上げるのは大変そうである．

黒岩虎雄

おぉ，私も **(い)** の解答を $x \leq \dfrac{18}{\tan 33^\circ}$ と答えてしまった．大学入試センターの解答をみて「やられた」と思ったのが正直なところである．数魔先生とシンクロしていた．不等式 $26 \leq x$ の根拠は法令であって，数学ではないんだけど……と思った．本問が「x のとり得る値の範囲」を問いかけているのだとすれば，$x \leq \dfrac{18}{\tan 33^\circ}$ と答えると，$x \to -\infty$ でもよいのか，と突っ込まれてしまうので，やはり誤答と考えるべきだろう．一方で問題文は「x のとり得る値の範囲を求めるための不等式」とあるので「範囲」そのものに至るプロセスとしての必要条件も答えになると解釈する余地も否定できない．採点基準の設定は難しそうだ．

さて本問について，当局からは「主な誤答」として次のような例が挙げられていた．

(i)　「tan 33」のように 33° の ° が抜けているもの

(ii)　「$x\tan 33^\circ \geq 18$」「$x\tan 33^\circ < 18$」のように不等号の向きが違うものや等号が抜けているもの．

(iii)　「tan 33°」を用いるべきところを「sin 33°」「cos 33°」を記述しているもの．

我々と同じように $26 \leq x$ を書かなかった答案が相当割合あるだろうと推測されるが，誤答例に挙げられていない．どのように処理されたのだろうか．

今後，この問題を教室で取り上げる指導者の中には「キミタチ，$26 \leq x$ をちゃんと書いたかい？　問題文をちゃんと読まないと，こういうことになるんだ．いいかい，新テストは題意の読解が大切なんだぞ！」などと，したり顔で説教する者も現れることだろう．自分で問題を解かないで，《答えを見ながら教えている》ような輩が，こういうことを言い出すものだ．

どうしてこういうことを言い出すのかというと，高校現場の教員の中には，2 回のプレテストを経ているのに，未だにこれらの問題を《自分で解いていない》者たちどころか，《問題を見てもいない》教員が，ゾロゾロいるからだ．あいつらが教室で言いそうなことが，浮かんできたのさ．

3　図形と計量（問題例）

さて，試行調査の問題を分析した結果，次のような問題を作問した．

数魔鉄人の出題

建築基準法では，道路斜線制限という法律で目の前の道路の幅に対する高さを制限している．ビルなどの場合，その前面道路の反対側の境界から敷地にむかって，1 対 1.5 の斜線内に入る高さに建てないといけない．

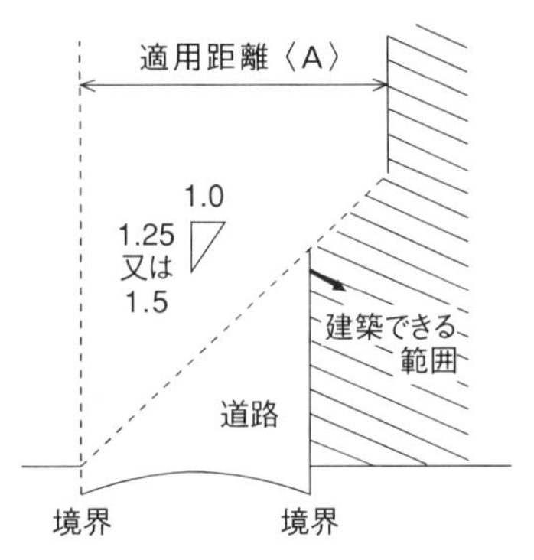

つまり，31 m の高さの建物を建てるためには，目の前の道路には

アイ m の幅が必要である．ただし，**アイ** は小数部分を四捨五入して整数値で答えよ．

いま，はしごの長さが x m，はしごが最大 75° の角まであがる消防車がある．このとき，高さ 31m のビルの屋上まではしごをかけることができるという．ただし消防車の高さは 3.6m，幅は 2.5m であるとする．

道路の幅は アイ より十分であることがわかる．このとき，x のとり得る値の範囲を求めるための不等式を，75° の三角比と x を用いて表せ．解答は，解答欄 **(あ)** に記述せよ．

解 答 例

道幅を a m とすると $\tan\theta=\dfrac{31}{a}$ で $\tan\theta=1.5$ であるから

$$a=\frac{31}{1.5}=20.67\cdots$$

よって 21 m の幅が必要である．**アイ** $=21$

次に，はしごの長さが x m，高さ 31m のビルの屋上にはしごがちょうど届くとき，$3.6+x\sin 75^\circ=31$

x について解くと，$x=\dfrac{27.4}{\sin 75^\circ}$ を得る．

よって，**(あ)** は $x\geqq\dfrac{27.4}{\sin 75^\circ}$

黒岩虎雄

日常生活を数理的にとらえる問いで，法令への適合を含む事例を探し出してこられた作品であるが，これも「$x\to\infty$ でもよいのか」と突っ込む余地が残ってしまう．また，現実世界への数学の適用を素材としているので，数値まで求めさせることも考えられそうだ．

数魔鉄人

問題に「三角比の表」を添付して数値を求めさせることも検討した．その場合，$\sin 75^\circ=0.9659$ だから，$x=28.367325\cdots$ となるので，記述問題にする場合は有効数字を何ケタまでとるのかという新たな議論が生じてしまう．その判断を記述問題で問うのは，理科であればともかく数学の問題としては適切ではないおそれがある．数値を問うなら「小数第三位を四捨五入せよ」といった指示を入れて $x\geqq$ **ウエ** . **オカ** と設定することになるだろう．

一般に，数学の短答記述は国語に比べてはるかに簡単だと思われているようだが，実はそんなに単純ではないということがよくわかる事例だ．

また，次のような問題も作問した．

黒岩虎雄の出題

自転車で通学している太郎君にとって，通学路の中に苦手としている坂道がある．水平面に対して 30° の角をなす急斜面の下り坂があって，ここを通らないと学校に行けない．

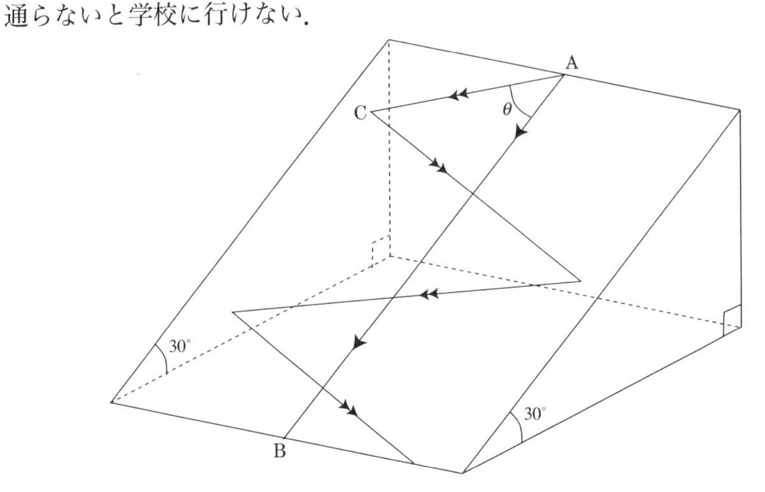

また，太郎君は，斜面の角度が 15° 以下であれば，恐怖心を伴うことなく自転車で下ることができる．太郎君は，図の A から B への 30° の斜面は怖くて下れないが，A から C へ向かうようなジグザグの経路をたどれば，この坂を下ることができることに気がついた．

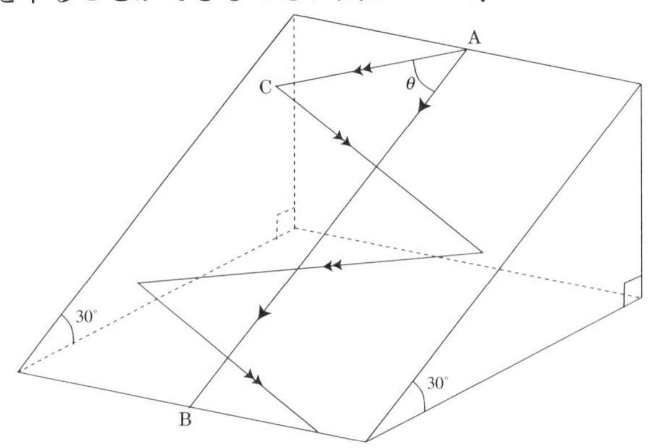

$\angle BAC=\theta$ としよう．**アイ**$^\circ \leq \theta <$**ウエ**$^\circ$ の範囲に経路をとれば，太郎君は恐怖心を感じることなく学校に通うことができる．

ただし，**アイ** と **ウエ** は整数値で答えよ．必要ならば，三角比の表（省略）を利用してよい．

解 答 例

図のように点をとる．すなわち，H は A の鉛直下方で，B, C, H が同じ水平面上にあるものとする．

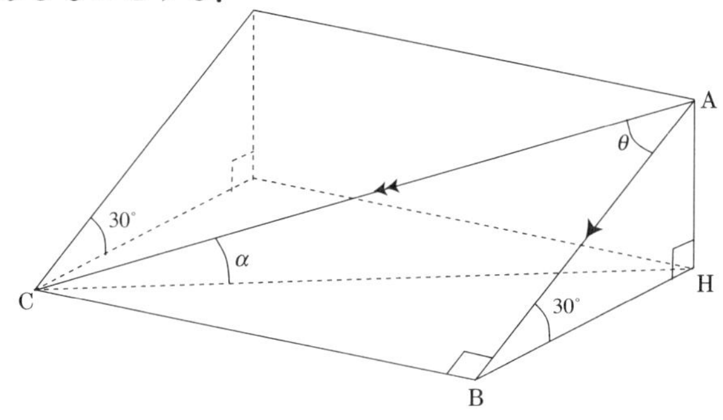

$\angle ABH=30^\circ$ だから，

$$AH=AB\sin 30^\circ=\frac{1}{2}\cdot AB \quad \cdots\cdots(*)$$

$\angle ACH=\alpha$ とする．$\alpha \leq 15^\circ$ となるような $\angle BAC=\theta$ について考える．

$$AH=AC\sin\alpha \ , \ AB=AC\cos\theta$$

であるから，これらを $(*)$ に代入する．

$$(AH=)AC\sin\alpha=\frac{1}{2}\cdot AC\cos\theta$$

$AC>0$ だから，$\cos\theta=2\sin\alpha\leq 2\sin 15^\circ$ となればよい．

三角比の表（省略）から $\sin 15^\circ=0.2588$ なので，

$$\cos\theta\leq 2\times 0.2588=0.5176$$

再び三角比の表から，$\cos 59^\circ=0.5150$，$\cos 58^\circ=0.5299$ なので，$\theta=58^\circ$ は条件を満たさないが，$\theta=59^\circ$ は満たす．また，θ は鋭角であることが必要である．以上から，$59^\circ\leq\theta<90^\circ$ の範囲に経路をとればよい．

数魔鉄人

解答を補足しておこう．斜めに進むと感じる角度が変わってくるということである．まっすぐ下をみると崖に見えるけど，斜め方法に進むと緩やかに感じることは，実際の山登りやスキーなどで体験していることだろう．もちろん，スキーではエッジがきいて滑り落ちないようになっているし，山登りでも登山道が整備されている．この問題では「自転車が斜めに進んでも，横滑りしてハンドル操作ができないのではないか」などとよけいな心配をしたくなるが，そこは問題の主旨を読み取って的確に応えてもらいたい．

実生活に密着した問題で，今後はこのような出題が中心になるのではと考えている．この問題では穴埋め形式にしてあるので問題はないが，記述にした場合に 90° で抑えられるかが気になるところである．この問題では到達時間は掛かるが何回も折り返してほぼ水平に降りてくることも可能なので，記述式での出題もありかなと個人的には思っている．

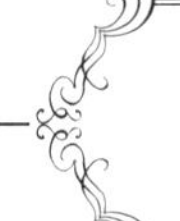
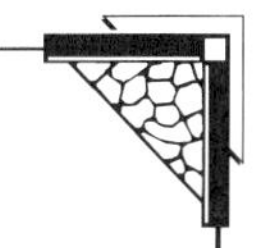

近似式 $\sin x \fallingdotseq x$ とは？

x が小さいとき，$\sin x \fallingdotseq x$ である．このことは数学Ⅲで学ぶ内容であるが，個人的には早い段階で使えるようにした方がよいと思われる．図のような中心角 1° の扇形を考えると，$\sin 1^\circ$ と半径 1 の円の弧の長さの間には大きな誤差が生じないことが感覚的に理解できる．また，$y=x$ と $y=\sin x$ のグラフの原点近くを考えても $\sin x \fallingdotseq x$ となっていることがわかるだろう．これがどれくらいの近似なのかを調べてみよう．以下 $\pi=3.14$ で計算する．

$$\sin 1^\circ = \sin\frac{\pi}{180} \fallingdotseq \frac{\pi}{180} \fallingdotseq 0.0174$$

三角比の表によると $\sin 1^\circ = 0.0175$ であるからほとんど正確な値と変わらない．

$$\sin 3^\circ = \sin\frac{3\pi}{180} \fallingdotseq \frac{3\pi}{180} \fallingdotseq 0.0523$$

これは三角比の表の値と一致する．

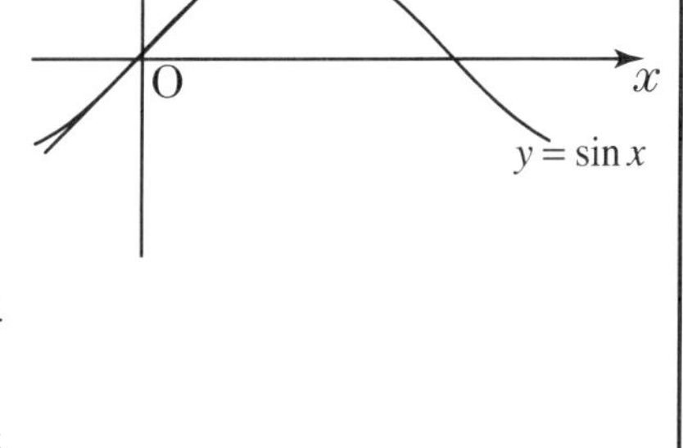

$$\sin 6^\circ = \sin\frac{6\pi}{180} \fallingdotseq \frac{6\pi}{180} \fallingdotseq 0.1046$$

三角比の表は $\sin 6^\circ = 0.1045$ であるからこれもほぼ一致する．

$$\sin 10^\circ = \sin\frac{10\pi}{180} \fallingdotseq \frac{10\pi}{180} \fallingdotseq 0.1744$$

$$\sin 15^\circ = \sin\frac{15\pi}{180} \fallingdotseq \frac{15\pi}{180} \fallingdotseq 0.2616$$

10° 以上になると誤差が大きくなるが，近似式としてかなり優秀であることがわかる．物理などで「$\sin x \fallingdotseq x$ としてよい」などという文言を多く見かけるが，確かに x が小さいところでは $\sin x = x$ と考えてよいのである．

（数魔鉄人）

大学入学共通テストが目指す新学力観

数学I・A　第3章
データの分析

1　文科省のぐるぐる図

今回は，統計学の入り口であるデータの分析の問題を取り上げる．共通テストで最も力を入れている分野といっても過言ではないだろう．作問のねらいとして掲げている日常生活や社会の問題を数理的にとらえること，数学を活用した問題解決に向けて，構想，見通しを立てることなどのイメージに合致する分野であるからである．

文科省ウェブサイトには，算数・数学ワーキンググループにおける審議の資料として「算数・数学の学習過程のイメージ」というタイトルの図が掲載されている．ビジネスの世界で使われる用語を引いて，通称「ぐるぐる図」と呼ばれているようである．数学学習において「対話的・主体的で深い学び」を実現するために理想的なプロセスを図解したもののようである．ぐるぐる図には２つのループが埋め込まれている．左側のループは《日常生活や社会の事象》→《数学的に表現した問題》→《焦点化した問題》→《結果》→《日常生活や社会の事象》が回っており，右側のループでは《日常生活や社会の事象》を《数学の事象》に替えている．

巷間，太郎と花子による対話形式が目新しく話題となっている．対話形式は，数学啓蒙書にはしばしば見られた形式であるが，数学の問題に取り込まれる例は，過去（の大学入試）では皆無ではないものの，あまり多くはなかった．今回取り上げる「データの分析」の分野は，ぐるぐる図と対照しながら読み込むと，出題意図が見えてくるだろう．

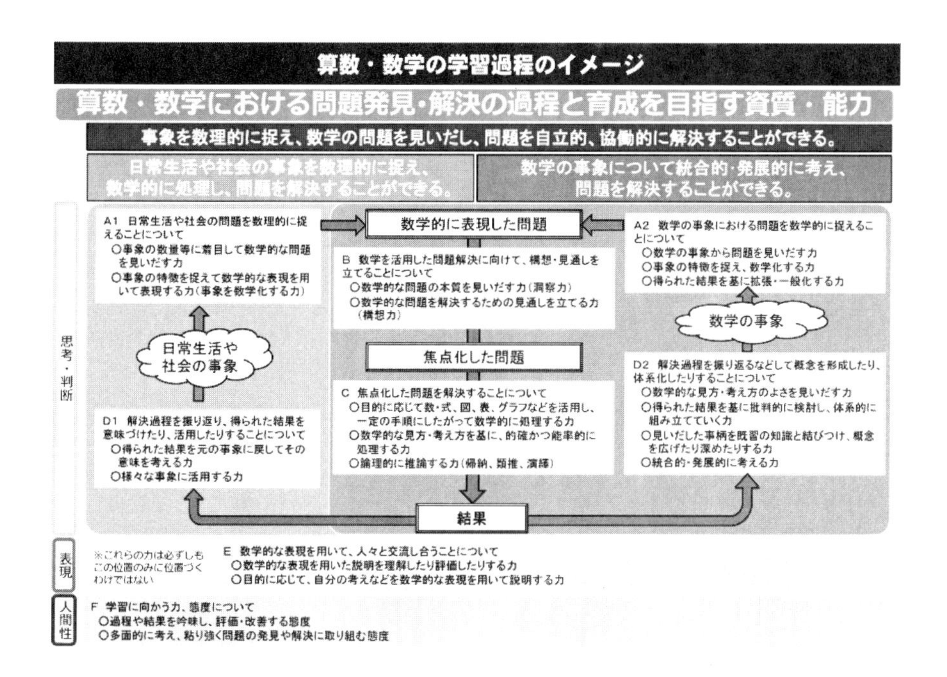

2　データの分析（試行調査から）

それでは，試行テストで出題された問題を見てみよう．

試行調査2018より

　太郎さんと花子さんは２つの変量 x, y の相関係数について考えている．二人の会話を読み，下の問いに答えよ．

花子：先生からもらった表計算ソフトのＡ列とＢ列に値を入れると，Ｅ列にはＤ列に対応する正しい値が表示されるよ．
太郎：最初は簡単なところで二組の値から考えてみよう．
花子：２行目を $(x, y)=(1, 2)$，３行目を $(x, y)=(2, 1)$ としてみるね．

このときのコンピュータの画面のようすが次の図である．

	A	B	C	D	E
1	変量 x	変量 y		(x の平均値) =	セ
2	1	2		(x の標準偏差) =	ソ
3	2	1		(y の平均値) =	セ
4				(y の標準偏差) =	ソ
5					
6				(x と y の相関係数) =	タ
7					

(1) セ，ソ，タ に当てはまるものを，次の ⓪〜⑨のうちから一つずつ選べ．ただし，同じものを繰り返し選んでもよい．

⓪ −1.50　① −1.00　② −0.50　③ −0.25　④ 0.00
⑤ 0.25　⑥ 0.50　⑦ 1.00　⑧ 1.50　⑨ 2.00

太郎：3行目の変量 y の値を 0 や −1 に変えても相関係数の値は タ になったね．
花子：今度は，3行目の変量 y の値を 2 に変えてみよう．
太郎：エラーが表示されて，相関係数は計算できないみたいだ．

(2) 変量 x と変量 y の値の組を変更して，$(x, y)=(1, 2), (2, 2)$ としたときには相関係数が計算できなかった．その理由として最も適当なものを，次の ⓪〜③のうちから一つ選べ． チ

⓪ 値の組の個数が 2 個しかないから．
① 変量 x の平均値と変量 y の平均値が異なるから．
② 変量 x の標準偏差の値と変量 y の標準偏差の値が異なるから．
③ 変量 y の標準偏差の値が 0 であるから．

花子：3 行目の変量 y の値を 3 に変更してみよう．相関係数の値は 1.00 だね．
太郎：3 行目の変量 y の値が 4 のときも 5 のときも，相関係数の値は 1.00 だ．
花子：相関係数の値が 1.00 になるのはどんな特徴があるときかな．
太郎：値の組の個数を多くすると何かわかるかもしれないよ．
花子：じゃあ，次に値の組の個数を 3 としてみよう．
太郎：$(x, y)=(1,1),(2,2),(3,3)$ とすると相関係数の値は 1.00 だ．
花子：$(x, y)=(1,1),(2,2),(3,1)$ とすると相関係数の値は 0.00 になった．
太郎：$(x, y)=(1,1),(2,2),(2,2)$ とすると相関係数の値は 1.00 だね．
花子：まったく同じ値の組が含まれていても相関係数の値は計算できることがあるんだね．
太郎：思い切って，値の組の個数を 100 にして，1 個だけ $(x, y)=(1,1)$ で，99 個は $(x, y)=(2,2)$ としてみるね……．相関係数の値は 1.00 になったよ．
花子：値の組の個数が多くても，相関係数の値が 1.00 になるときもあるね．

(3) 相関係数の値についての記述として誤っているものを，次の⓪～④のうちから一つ選べ． ツ

⓪ 値の組の個数が 2 のときには相関係数の値が 0.00 になることはない．
① 値の組の個数が 3 のときには相関係数の値が −1.00 となることがある．
② 値の組の個数が 4 のときには相関係数の値が 1.00 となることはない．
③ 値の組の個数が 50 であり，1 個の値の組が $(x, y)=(1,1)$，残りの 49 個の値の組が $(x, y)=(2,0)$ のときは相関係数の値は −1.00 である．
④ 値の組の個数が 100 であり，50 個の値の組が $(x, y)=(1,1)$，残りの 50 個の値の組が $(x, y)=(2,2)$ のときは相関係数の値は 1.00 である．

花子：値の組の個数が 2 のときは，相関係数の値は 1.00 か タ ，または計算できない場合の 3 通りしかないね.

太郎：値の組を散布図に表したとき，相関係数の値はあくまで散布図の点が テ 程度を表していて，値の組の個数が 2 の場合に，花子さんが言った 3 通りに限られるのは ト からだね．値の組の個数が多くても値の組が 2 種類のときはそれらにしかならないんだね.

花子：なるほどね．相関係数は，そもそも値の組の個数が多いときに使われるものだから，組の個数が極端に少ないときなどにはあまり意味がないのかもしれないね.

太郎：値の組の個数が少ないときはもちろんのことだけど，基本的に散布図と相関係数を合わせてデータの特徴を考えるとよさそうだね.

(4) テ ， ト に当てはまる最も適当なものを，次の各解答群のうちから一つずつ選べ.

テ の解答群

⓪ x 軸に関して対称に分布する
① 変量 x, y のそれぞれの中央値を表す点の近くに分布する
② 変量 x, y のそれぞれの平均値を表す点の近くに分布する
③ 円周に沿って分布する
④ 直線に沿って分布する

ト の解答群

⓪ 変量 x の中央値と平均値が一致する
① 変量 x の四分位数を考えることができない
② 変量 x, y のそれぞれの平均値を表す点からの距離が等しい
③ 平面上の異なる 2 点は必ずある直線上にある
④ 平面上の異なる 2 点を通る円はただ 1 つに決まらない

解 答 例

x の平均値 $\overline{x}$ は $\overline{x}=\dfrac{3}{2}$　**セ** ＝⑧

x の分散 v_x は $v_x=\dfrac{1}{4}$，x の標準偏差 は $s_x=\dfrac{1}{2}$　**ソ** ＝⑥

y についても同様にして，$\overline{y}=\dfrac{3}{2}$，$s_y=\dfrac{1}{2}$

共分散 s_{xy} は $s_{xy}=-\dfrac{1}{4}$

x,y の相関係数 r は $r=\dfrac{s_x s_y}{s_{xy}}=-1$　**タ** ＝①

チ ＝③，**ツ** ＝②，**テ** ＝④，**ト** ＝③

数魔鉄人

最初は2組の数値の平均，標準偏差，相関係数の値を求める問題である．ここで注意が必要なのは相関係数の定義式をしっかり理解していないとこの問題は解けないということである．本質的な理解を要求するという意味で良い問題であると言える．相関係数 r の定義式は

変量 x, y の標準偏差をそれぞれ S_x, S_y，共分散を S_{xy} とすると

$$r=\frac{S_{xy}}{S_x S_y}$$

$$=\frac{\dfrac{1}{N}\left\{\left(x_1-\overline{x}\right)\left(y_1-\overline{y}\right)+\cdots+\left(x_N-\overline{x}\right)\left(y_N-\overline{y}\right)\right\}}{\sqrt{\dfrac{1}{N}\left\{\left(x_1-\overline{x}\right)^2+\cdots+\left(x_N-\overline{x}\right)^2\right\}}\sqrt{\dfrac{1}{N}\left\{\left(y_1-\overline{y}\right)^2+\cdots+\left(y_N-\overline{y}\right)^2\right\}}}$$

$$=\frac{\left(x_1-\overline{x}\right)\left(y_1-\overline{y}\right)+\cdots+\left(x_N-\overline{x}\right)\left(y_N-\overline{y}\right)}{\sqrt{\left\{\left(x_1-\overline{x}\right)^2+\cdots+\left(x_N-\overline{x}\right)^2\right\}}\sqrt{\left\{\left(y_1-\overline{y}\right)^2+\cdots+\left(y_N-\overline{y}\right)^2\right\}}}$$

これらの式に数値を代入して計算するのだが，ここでは相関係数が1や−1，および0など特殊な値について考察させているところが目新しい着眼

点と言える．理系の受験生であれば定義式よりコーシー＝シュワルツの不等式を連想したり，内積の形を連想することも可能かもしれないが文系受験生にとってはたとえ 2 文字であっても定義式から読み取っていくのは難しいのではと感じた．なお，相関係数が 1,−1,0，計算できない場合などは教科書では詳しく扱っていない．さらに付け加えると相関係数 0 の分布は特に特徴はなく，組の個数が 2 のときは特殊な状態で 0 になることはない．

個人的には散布図から理解させて，その後定義式の意味を理解させるような流れで作問した方が良いと思われるがいかがであろうか．データの分析の分野は統計の基礎という意味で正確な言葉の理解およびデータの正しい読み取り，そこからの簡単な考察などを目標とするのがよいと考えている．

黒岩虎雄

試行調査で話題を呼んだ，太郎と花子による対話形式の問題文であるが，これを先に引用した「ぐるぐる図」と対照しながら読んでみたい．まず，花子がまるで男の子のようなタメ口をきいているのが気になるところではあるが，これは問題の本質とは関係がないので，スルーしておこう．また，2017年試行調査では，太郎がボケ役，花子がツッコミ役を演じている場面も見られたが，2018年試行調査にはそのような役割分担は見当たらなくなっているようである．

本問では，相関係数について学んでいる二人が《対話》をしながら，《主体的》に数学的実験を行っている様子が，スクリプト化されている．

> 太郎：最初は簡単なところで二組の値から考えてみよう．
> 花子：今度は，3 行目の変量 y の値を 2 に変えてみよう．
> 太郎：エラーが表示されて，相関係数は計算できないみたいだ．

といった具合に，交互に提案を重ねて，議論を進めている．ぐるぐる図のいうところの，

Ａ１　日常生活や社会の問題を数理的に捉えること
Ａ２　数学の事象における問題を数学的に捉えること
Ｂ　数学を活用した問題解決に向けて，構想・見通しを立てること

を実行している．さらに，

花子：相関係数の値が 1.00 になるのはどんな特徴があるときかな．

の発言に見られるように，問題を《焦点化》したうえで，

Ｃ　焦点化した問題を解決すること

を実行する（これは問いとして提示される）．一応の結果が出ると，

花子：まったく同じ値の組が含まれていても相関係数の値は計算できることがあるんだね．
花子：値の組の個数が多くても，相関係数の値が 1.00 になるときもあるね．

の発言に見られるように，

Ｄ１　解決過程を振り返り，得られた結果を意味づけたり活用したりすること
Ｄ２　解決過程を振り返るなどして概念を形成したり，体系化したりすること

を実行している．このような《主体的》な学びを通じて《深い》学びに到達している．当局としては，現場の教員・指導者たちに向けて，このような問題が提示しているような授業を実践してほしい，ということなのだろう．

数魔鉄人

確かに黒岩氏の言う通りで，事象を数理的に捉え，数学の問題を見いだし，問題を自立的，協働的に解決することができる能力を問うような試験になっており評価に値するものだと思う．

しかし，だから何なんだ，というのが私の正直な感想で，50 万人以上が受験する共通選抜試験で平均点が 20 点～ 30 点では試験としての意味がないのではないかと思う．実際この問題は正答率が 20 ～ 30 パーセントで選択解答式であることを考えると話にならない．いくら立派なお題目を唱えても選抜競争試験としての体をなさないなら全くナンセンスである．そもそも高校で学習した内容を判定する要素が少なく，発展的な内容に偏っていると感じるのは私だけであろうか．個人的な見解であるが，データの分析の分野は資料の正確な読み取り，基本的な用語の確認とその意味，散布図から相関関係の読み取りなどを中心にして，試験時間内で解答出来るものを出題すべきであると考えている．

黒岩虎雄

問題の中身に戻ろう．値の組がたったの 2 個で相関係数を考えるというのは，統計学的には意味がないのだが，この不自然な設定の中に，相関係数についての深い理解に導く問題提起がなされている．対話型の形式を取らない限り入り込めない世界なので，なかなか面白いところを突いた問題だといえそうだ．

検定教科書（数学 I ）では相関係数の定義は紹介するものの，それがとる値に関して「$-1\leq r\leq 1$ である」という事実を述べるだけで，その根拠の説明はなされていない．このような教科書の弱点を，共通テストが補っていく役割をも果たしていくことがあるとすれば，現行のセンター試験にはない新たな役割になるかもしれない．

3　データの分析（問題例）

検定教科書が $-1 \leq r \leq 1$ であることの根拠を述べないことへの抵抗の意思を示すため，次のような問題を作問してみた．

黒岩虎雄の出題

高校1年生の太郎さんと花子さんは「データの分析」の単元を学習したあとに，復習をしている．

太郎：先生は，相関係数について話をするなかで「教科書では相関係数 r のとる値が $-1 \leq r \leq 1$ であることについて結論だけを書いていて，根拠を述べていない」と言っていたね．
花子：「これは数学の規範に反している」と不満たらたらだったね．
太郎：それで，先生のところに，その根拠について質問に行ったんだ．
花子：教えてもらえたの？
太郎：この根拠を理解するには「数学IIや数学Bの内容をマスターしないと本当のことはわからない」と仰っていましたが「2次関数の知識があれば何とかなる証明法もある」ということでした．
花子　それだったら数学Iの教科書の内容で証明できるじゃない．教えてもらえたの？
太郎：いや，「ちゃんと考えてきたら相手をしてやる」だって．
花子：先生らしいわね．くやしいから，私たちで $-1 \leq r \leq 1$ となる根拠を固めて，解決したいね．

そこで2人は図書館に行き，統計学の教科書（大学生が読むもの）を探したところ，次のような記述を見つけた．

データの組が (x_1, y_1)，(x_2, y_2)，……，(x_n, y_n) のように n 組ある．

変量 $X = x_1, x_2, \cdots\cdots, x_n$ の平均を $\overline{x}$ とし，変量 $Y = y_1, y_2, \cdots\cdots, y_n$ の平均

を $\overline{y}$ とする．以下では，見やすくするために，変量 X の偏差を $x_k-\overline{x}=a_k$ （$k=1,2,\cdots\cdots,n$）と書き，変量 Y の偏差を $y_k-\overline{y}=b_k$ （$k=1,2,\cdots\cdots,n$）と書くことにする．

変量 X の分散 v_x は

$$v_x=\frac{1}{n}\left(a_1^2+a_2^2+\cdots\cdots+a_n^2\right)$$

である．変量 Y の分散 v_y も同様に定義される．変量 X,Y の標準偏差 s_x,s_y は，$s_x=\sqrt{v_x}$ ，$s_y=\sqrt{v_y}$ により定義する．変量 X,Y の間の共分散 s_{xy} は $s_{xy}=\frac{1}{n}\left(a_1b_1+a_2b_2+\cdots\cdots+a_nb_n\right)$ により定義する．共分散 s_{xy} を標準偏差の積 s_xs_y で割った値を相関係数といい，r で表す．すなわち，

$$r=\frac{s_{xy}}{s_xs_y}=\frac{\frac{1}{n}\left(a_1b_1+a_2b_2+\cdots\cdots+a_nb_n\right)}{\sqrt{\frac{1}{n}\left(a_1^2+a_2^2+\cdots\cdots+a_n^2\right)}\sqrt{\frac{1}{n}\left(b_1^2+b_2^2+\cdots\cdots+b_n^2\right)}}$$

花子：分母と分子にある $\frac{1}{n}$ は約分できるので，

$$r=\frac{\left(a_1b_1+a_2b_2+\cdots\cdots+a_nb_n\right)}{\sqrt{a_1^2+a_2^2+\cdots\cdots+a_n^2}\sqrt{b_1^2+b_2^2+\cdots\cdots+b_n^2}}$$

のように書きなおすことができるね．

太郎：いま，相関係数に関する命題 $-1\leq r\leq 1$ を証明することを考えていたので，

$$r^2=\frac{\left(a_1b_1+a_2b_2+\cdots\cdots+a_nb_n\right)^2}{\left(a_1^2+a_2^2+\cdots\cdots+a_n^2\right)\left(b_1^2+b_2^2+\cdots\cdots+b_n^2\right)}$$

について $r^2\leq 1$ を証明すればできそうだね．

花子：つまり，

　　　　ア

を示せばいいね．でも，難しそう．

(1) 空欄 **ア** に置く不等式として適切なものを，次の⓪～③のうちから一つ選べ.

⓪ $(a_1b_1+a_2b_2+\cdots\cdots+a_nb_n)^2 \geq (a_1^2+a_2^2+\cdots\cdots+a_n^2)(b_1^2+b_2^2+\cdots\cdots+b_n^2)$

① $(a_1b_1+a_2b_2+\cdots\cdots+a_nb_n)^2 > (a_1^2+a_2^2+\cdots\cdots+a_n^2)(b_1^2+b_2^2+\cdots\cdots+b_n^2)$

② $(a_1b_1+a_2b_2+\cdots\cdots+a_nb_n)^2 \leq (a_1^2+a_2^2+\cdots\cdots+a_n^2)(b_1^2+b_2^2+\cdots\cdots+b_n^2)$

③ $(a_1b_1+a_2b_2+\cdots\cdots+a_nb_n)^2 < (a_1^2+a_2^2+\cdots\cdots+a_n^2)(b_1^2+b_2^2+\cdots\cdots+b_n^2)$

2 人はさらに，統計学の教科書を読み進めた.

任意の実数 t について $(a_kt-b_k)^2 \geq 0$ （ $k=1,2,\cdots\cdots,n$ ）が成り立つことに注意して，これら n 本の式を辺ごとに加えると，

$$(a_1t-b_1)^2+(a_2t-b_2)^2+\cdots\cdots+(a_nt-b_n)^2 \geq 0$$

ここで，

$A=a_1^2+a_2^2+\cdots\cdots+a_n^2$， $B=b_1^2+b_2^2+\cdots\cdots+b_n$， $C=a_1b_1+a_2b_2+\cdots\cdots+a_nb_n$

とおけば，

$$At^2-2Ct+B \geq 0$$

が任意の実数 t について成り立つことになる.

太郎：ここまでくれば，あとは 2 次関数の問題だね.

花子：左辺を平方完成すれば，

$$At^2-2Ct+B=A\left(t-\frac{C}{A}\right)^2+\frac{AB-C^2}{A}$$

だから，$A>0$ に注意すれば，左辺の最小値 $\frac{AB-C^2}{A}$ が **イ** の値をとればよい.

太郎：これで， **ア** と同じ不等式が得られるから，証明ができたね.

花子：これくらい考えたところで先生のところに持って行けば，ちゃんと相手をしてもらえるね.

(2) 空欄 イ に置くことばとして適切なものを，次の⓪〜③のうちから一つ選べ．

⓪ 0以上
① 0以下
② 正
③ 負

太郎：ところで，相関係数の値が $r=1$ や $r=-1$ になる場合って，何が起きているのかな．どうしても気になるんだ．

花子：考えてきた２次関数 $At^2-2Ct+B$ が，$A\left(t-\dfrac{C}{A}\right)^2$ のように完全平方式になるってことだね．

太郎：$r=\pm1$ になるのは， ウ t の値で， エ になる場合だ．

花子：このとき，$a_k t=b_k$ （$k=1, 2, \cdots\cdots, n$）が同時に成り立つのだから，もとのデータで述べると $\left(x_k-\overline{x}\right)t=y_k-\overline{y}$ （$k=1, 2, \cdots\cdots, n$）が同時に成り立つ．

太郎：$r=\pm1$ になるとき，n 組のデータ (x_1, y_1)，(x_2, y_2)，……，(x_n, y_n) のすべてが オ ということがわかったね．

(3) 空欄 ウ ， エ に置くことば・式の組合せとして適切なものを，次の⓪〜③のうちから一つ選べ．

⓪ ウ ある， エ $At^2-2Ct+B\geq0$
① ウ ある， エ $At^2-2Ct+B=0$
② ウ すべての， エ $At^2-2Ct+B\geq0$
③ ウ すべての， エ $At^2-2Ct+B=0$

(4) 空欄 **オ** に置くことばとして適切なものを，次の⓪～③のうちから一つ選べ．

⓪ 傾きが正である一直線上にある
① 傾きが 0 である一直線上にある
② 傾きが負である一直線上にある
③ 傾きが 0 でない一直線上にある

解答例

(1) ②　　(2) ⓪　　(3) ①　　(4) ③

数魔鉄人

この問題は，相関係数の意味を考えるという点で，試行テストと同様に良い問題であると思う．

しかし，何度も言うが，現実的なデータとどのようにかかわっているかが理解できないと本当の意味で分かっているとは言えないのではないか．

例えば，相関係数が 0 になる状況とはどのようなケースが考えられるのか．また，相関係数が計算できないようなデータを現実的に扱うことがあるのかなど，散布図をからめて具体的な対比のもとで話を進めて考えていかないと何もわからないのではないかと思う．

黒岩虎雄

現実的なデータとの関わりという点は，現行のセンター試験の出題で十分に取り上げられているので，試行テストでは理論面に焦点を当てているのではないか．1 回 1 問のなかで，現実データと理論の両方を問うのはおそらく難しいだろう．

ちょうど今日，高校 2 年生の授業で空間ベクトルをやっていて，発展事項として相関係数の話をしたところだった．3 次元のベクトルなので，データは 3 点しかとれないのだけれども，

$$\overrightarrow{a}=\left(x_1-\overline{x}\,,x_2-\overline{x}\,,x_3-\overline{x}\right)=\left(a_1\,,a_2\,,a_3\right)$$

$$\overrightarrow{b}=\left(y_1-\overline{y}\,,y_2-\overline{y}\,,y_3-\overline{y}\right)=\left(b_1\,,b_2\,,b_3\right)$$

を考えると，

$$r=\frac{a_1b_1+a_2b_2+a_3b_3}{\sqrt{a_1^2+a_2^2+a_3^2}\sqrt{b_1^2+b_2^2+b_3^2}}=\frac{\overrightarrow{a}\cdot\overrightarrow{b}}{\left|\overrightarrow{a}\right|\left|\overrightarrow{b}\right|}$$

つまり，$\overrightarrow{a}\,,\overrightarrow{b}$ のなす角を θ とすれば $r=\cos\theta$ だから $-1\leq r\leq 1$ になる．さらに $r=\pm1$ になるのは $\theta=0\,,\pi$ すなわち $\overrightarrow{a}\parallel\overrightarrow{b}$ のときなので，$\overrightarrow{a}=k\overrightarrow{b}$ となる実数 k が存在する．これは3件のデータが点 $\left(\overline{x}\,,\overline{y}\right)$ を通る一直線上に並ぶことを意味している．この話をしたら，生徒たちはいい顔をしていたよ．検定教科書の項目配列が，いかに残念であるかがよくわかる事例だな．

数魔鉄人

数学の教科書に統計が入ることの意味を，もっと考えていく必要はあると思う．項目配列に言及されたが，道具の準備がほとんど整っていない数学Ⅰの段階でデータの分析を取り扱うのは「必修」にこだわった結果だろう．

また教科書では，外れ値という言葉も平気で使っているようであるが，この一つのデータが相関係数の式にどのような影響をあたえるのか，散布図とあわせて考えていくことが必要ではないのかと思ったりする．

確かに式の意味も考えずに結果の暗記だけで物事を処理するのは抵抗があるので，その意味で今回の試行テストは教育的であり，私自身も考えさせられる点がたくさんある．統計が数学の試験で扱われる意味について，今一度考えてみたいので，この問題については再検討してみたい．

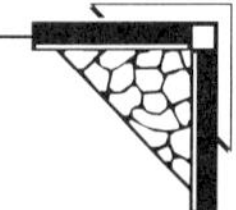

分母の有理化は必要か？

「答えの分母にはルートを入れてはいけない」と教わっているようで，分母にルートが現れた時点で有理化する生徒が多い．確かにセンター試験などでは有理化した形で答えさせる場合が多いので，条件反射的に有理化してしまうのもよくわかる．

ただ，$\dfrac{2\sqrt{3}}{\sqrt{17}}$ と書こうが，$2\sqrt{\dfrac{3}{17}}$ と書こうが，$\dfrac{2}{17}\sqrt{51}$ と書こうがどれも同じなので構わないと思う者は多いのではないだろうか．

有理化のメリットとしては，

・大小の比較がしやすくなる

・採点がしやすくなる

などがあるが，例えば $\sin\theta=\dfrac{2\sqrt{3}}{\sqrt{17}}$ のときに $\cos\theta$ を求める場合などはこのまま $\cos^2\theta=1-\sin^2\theta=1-\dfrac{12}{17}=\dfrac{5}{17}$ とした方がよく，分母を有理化することによって次のステップの計算が楽になるとは限らない．

特に，物理や化学の計算問題では有理化することによって計算式が煩雑になったり，かえって遠回りの計算をしてしまったなどということが生じたりする．私の個人的な見解としては，目的の伴わない有理化は行う必要がなく，特に問題文に指示がない限り有理化して答えなくてもＯＫだと思うが，実際に有理化しなくて減点されるということがあるのだろうか．

$\dfrac{\sqrt{3}+1}{\sqrt{2}}$ と $\dfrac{\sqrt{6}+\sqrt{2}}{2}$

ならばどうか．また

$\dfrac{\sqrt{3}}{\sqrt{2}-1}$ と $\sqrt{6}+\sqrt{3}$

ならばどうなるかなど，考えるとねむれなくなってくる．

（数魔鉄人）

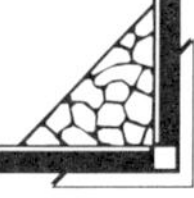

大学入学共通テストが目指す新学力観

数学I・A　第4章
場合の数と確率

1　確率（試行調査から）

数魔鉄人

今回は選択問題の確率について考えていく．試行テストでは現行のセンター試験と同様数学Aの3分野（確率，整数，図形）から2問選択させる形式となっていた．選択問題すべてに共通していえることであるが，現行のセンター試験と比較して問題レベルがかなり高く，難関校の記述式レベルの問題といってよい．正答率をみても後半部分は10 %くらいの正答率であり試験として機能するレベルではない．条件付き確率の問題であるがここでは問題を実際に解いてみて問題点を指摘したいと思う．解答例では記号を全面に出して答えていく．

黒岩虎雄

今回とりあげる試行調査の確率の問題は，現行の大学入試センター試験とは趣が大いに異なっている．前章でも参照した「算数・数学の学習過程のイメージ」（いわゆる「ぐるぐる図」のこと）のような学びに導きたいという意思がみてとれるように思っている．

A 1　日常生活や社会の問題を数理的に捉えること
A 2　数学の事象における問題を数学的に捉えること
B　数学を活用した問題解決に向けて，構想・見通しを立てること
C　焦点化した問題を解決すること

D１　解決過程を振り返り，得られた結果を意味づけたり活用したりすること

D２　解決過程を振り返るなどして概念を形成したり，体系化したりすること

このような学びのプロセスが，対話や設問の中にしっかり書き込まれていることに注意しながら，問題を見てみようではないか．

試行調査2018より

くじが100本ずつ入った二つの箱があり，それぞれの箱に入っている当たりくじの本数は異なる．これらの箱から二人の人が順にどちらかの箱を選んで１本ずつくじを引く．ただし，引いたくじはもとに戻さないものとする．

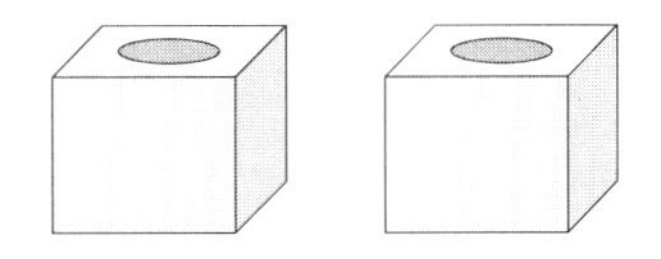

また，くじを引く人は，最初にそれぞれの箱に入れる当たりくじの本数は知っているが，それらがどちらの箱に入っているかはわからないものとする．

今，１番目の人が一方の箱からくじを１ 本引いたところ，当たりくじであったとする．２番目の人が当たりくじを引く確率を大きくするためには，１番目の人が引いた箱と同じ箱，異なる箱のどちらを選ぶべきかを考察しよう．

最初に当たりくじが多く入っている方の箱をA，もう一方の箱をBとし，１番目の人がくじを引いた箱がAである事象を A ，Bである事象を B とする．このとき，$P(A)=P(B)=\frac{1}{2}$ とする．また，１番目の人が当たりくじを引く事象を W とする．

太郎さんと花子さんは，箱A，箱Bに入っている当たりくじの本数に

よって，2 番目の人が当たりくじを引く確率がどのようになるかを調べている．

(1) 箱Aには当たりくじが 10 本入っていて，箱Bには当たりくじが 5 本入っている場合を考える．

花子：1 番目の人が当たりくじを引いたから，その箱が箱Aである可能性が高そうだね．その場合，箱Aには当たりくじが 9 本残っているから，2 番目の人は，1 番目の人と同じ箱からくじを引いた方がよさそうだよ．
太郎：確率を計算してみようよ．

1 番目の人が引いた箱が箱Aで，かつ当たりくじを引く確率は，

$$P(A \cap W) = P(A) \cdot P_A(W) = \frac{\boxed{\text{ア}}}{\boxed{\text{イウ}}}$$

である．一方で，1 番目の人が当たりくじを引く事象 W は，箱Aから当たりくじを引くか箱Bから当たりくじを引くかのいずれかであるので，その確率は，

$$P(W) = \frac{\boxed{\text{エ}}}{\boxed{\text{オカ}}}$$

である．

よって，1 番目の人が当たりくじを引いたという条件の下で，その箱が箱Aであるという条件付き確率 $P_W(A)$ は，

$$P_W(A) = \frac{P(A \cap W)}{P(W)} = \frac{\boxed{\text{キ}}}{\boxed{\text{ク}}}$$

と求められる．

また，1 番目の人が当たりくじを引いた後，同じ箱から 2 番目の人がくじを引くとき，そのくじが当たりくじである確率は，

$$P_W(A)\times\frac{9}{99}+P_W(B)\times\frac{\boxed{ケ}}{99}=\frac{\boxed{コ}}{\boxed{サシ}}$$

である．

それに対して，1 番目の人が当たりくじを引いた後，異なる箱から 2 番目の人がくじを引くとき，そのくじが当たりくじである確率は，

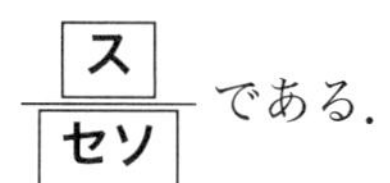

である．

花子：やっぱり 1 番目の人が当たりくじを引いた場合は，同じ箱から引いた方が当たりくじを引く確率が大きいよ．

太郎：そうだね．でも，思ったより確率の差はないんだね．もう少し当たりくじの本数の差が小さかったらどうなるのだろう．

花子：1 番目の人が引いた箱が箱 A の可能性が高いから，箱 B の当たりくじの本数が 8 本以下だったら，同じ箱のくじを引いた方がよいのではないかな．

太郎：確率を計算してみようよ．

(2) 今度は箱 A には当たりくじが 10 本入っていて，箱 B には当たりくじが 7 本入っている場合を考える．

1 番目の人が当たりくじを引いた後，同じ箱から 2 番目の人がくじを引くとき，そのくじが当たりくじである確率は $\dfrac{\boxed{タ}}{\boxed{チツ}}$ である．それに対して異なる箱からくじを引くとき，そのくじが当たりくじである確率は $\dfrac{7}{85}$ である．

太郎：今度は異なる箱から引く方が当たりくじを引く確率が大きくなったね．

花子：最初に当たりくじを引いた箱の方が箱 A である確率が大きいのに

不思議だね．計算してみないと直観ではわからなかったな．

太郎：二つの箱に入っている当たりくじの本数の差が小さくなれば，最初に当たりくじを引いた箱がAである確率とBである確率の差も小さくなるよ．最初に当たりくじを引いた箱がBである場合は，もともと当たりくじが少ない上に前の人が1本引いてしまっているから当たりくじはなおさら引きにくいね．

花子：なるほどね．箱Aに入っている当たりくじの本数は10　本として，箱Bに入っている当たりくじが何本であれば同じ箱から引く方がよいのかを調べてみよう．

(3)　箱Aに当たりくじが10 本入っている場合，1番目の人が当たりくじを引いたとき，2番目の人が当たりくじを引く確率を大きくするためには，1番目の人が引いた箱と同じ箱，異なる箱のどちらを選ぶべきか．箱Bに入っている当たりくじの本数が4　本，5本，6本，7本のそれぞれの場合において選ぶべき箱の組み合わせとして正しいものを，次の ⓪～④のうちから一つ選べ． テ

	箱Bに入っている当たりくじの本数			
	4本	5本	6本	7本
⓪	同じ箱	同じ箱	同じ箱	同じ箱
①	同じ箱	同じ箱	同じ箱	異なる箱
②	同じ箱	同じ箱	異なる箱	異なる箱
③	同じ箱	異なる箱	異なる箱	異なる箱
④	異なる箱	異なる箱	異なる箱	異なる箱

解答例

(1)　箱Aには当たりくじが10 本，箱Bには当たりくじが5 本入っているから，

$$P(A\cap W)=P(A)\cdot P_A(W)=\frac{1}{2}\cdot\frac{10}{100}=\frac{1}{20}$$　$\frac{\boxed{ア}}{\boxed{イウ}}$

$$P(W)=P(A\cap W)+P(B\cap W)$$
$$=P(A)\cdot P_A(W)+P(B)\cdot P_B(W)$$
$$=\frac{1}{2}\cdot\frac{10}{100}+\frac{1}{2}\cdot\frac{5}{100}=\frac{3}{40}$$　$\frac{\boxed{エ}}{\boxed{オカ}}$

条件付き確率 $P_W(A)$ は，

$$P_W(A)=\frac{P(A\cap W)}{P(W)}=\frac{1}{20}\div\frac{3}{40}=\frac{2}{3}$$　$\frac{\boxed{キ}}{\boxed{ク}}$

1 番目の人が当たりくじを引いた後，同じ箱から 2 番目の人がくじを引くとき，そのくじが当たりくじである確率を求める．

1 番目の人が当たりくじを引き，同じ箱から 2 番目の人が当たりくじを引く確率は，

$$P(A\cap W)\times\frac{9}{99}+P(B\cap W)\times\frac{4}{99}$$

ところが1 番目の人が当たりくじを引いたことはわかっているので，$P(W)$ との比を求めて，求める条件付き確率は

$$\frac{1}{P(W)}\left\{P(A\cap W)\times\frac{9}{99}+P(B\cap W)\times\frac{4}{99}\right\}$$

$$=P_W(A)\times\frac{9}{99}+P_W(B)\times\frac{4}{99}$$

$$=\frac{2}{3}\times\frac{9}{99}+\frac{1}{3}\times\frac{4}{99}$$ ケ

$$=\frac{2}{27}$$ $\frac{\boxed{コ}}{\boxed{サシ}}$

1 番目の人が当たりくじを引き，異なる箱から 2 番目の人が当たりくじを引く確率は，

$$P(A\cap W)\times\frac{5}{100}+P(B\cap W)\times\frac{10}{100}$$

ところが1 番目の人が当たりくじを引いたことはわかっているので，$P(W)$ との比を求めて，求める条件付き確率は

$$\frac{1}{P(W)}\left\{P(A\cap W)\times\frac{5}{100}+P(B\cap W)\times\frac{10}{100}\right\}$$

$$=P_A(W)\times\frac{5}{100}+P_B(W)\times\frac{10}{100}$$

$$=\frac{2}{3}\times\frac{5}{100}+\frac{1}{3}\times\frac{10}{100}$$

$$=\frac{1}{15}$$ $\frac{\boxed{ス}}{\boxed{セソ}}$

(2) 箱Aには当たりくじが 10 本入っていて，箱Bには当たりくじが x 本入っている場合を考える．

1 番目の人が当たりくじを引く確率 $P(W)$ は，

$$P(W)=P(A\cap W)+P(B\cap W)$$

$$=P(A)\cdot P_A(W)+P(B)\cdot P_B(W)$$

$$=\frac{1}{2}\cdot\frac{10}{100}+\frac{1}{2}\cdot\frac{x}{100}=\frac{10+x}{200}$$

1 番目の人が当たりくじを引いた後，同じ箱から 2 番目の人がくじを引くとき，そのくじが当たりくじである確率は，(1)と同様にして

$$\frac{1}{P(W)}\left\{P(A\cap W)\times\frac{9}{99}+P(B\cap W)\times\frac{x-1}{99}\right\}$$

$$=\frac{200}{10+x}\left\{\frac{1}{2}\cdot\frac{10}{100}\cdot\frac{9}{99}+\frac{1}{2}\cdot\frac{x}{100}\cdot\frac{x-1}{99}\right\}$$

$$=\frac{90+x(x-1)}{99(10+x)}\qquad\cdots\cdots①$$

異なる箱からくじを引くとき，そのくじが当たりくじである確率は

$$\frac{1}{P(W)}\left\{P(A\cap W)\times\frac{x}{100}+P(B\cap W)\times\frac{10}{100}\right\}$$

$$=\frac{200}{10+x}\left\{\frac{1}{2}\cdot\frac{10}{100}\cdot\frac{x}{100}+\frac{1}{2}\cdot\frac{x}{100}\cdot\frac{10}{100}\right\}$$

$$=\frac{x}{5(10+x)}\qquad\cdots\cdots②$$

$x=7$ を①に代入して，

$$=\frac{90+7\times 6}{99\times 17}=\frac{4}{51}\qquad\frac{\boxed{タ}}{\boxed{チツ}}$$

(3) $\dfrac{①}{②}=\dfrac{90+x(x-1)}{99}\cdot\dfrac{5}{x}$

$$\frac{450+5x^2-5x}{99x}>1$$

を解くと，$5x^2-104x+450>0$

$$5(x-6)(x-15)+x>0$$

$x=7$ のとき，成立しない．

$x=6,5,4$ のときは成り立つ．

よって，①が正解．$\boxed{テ}$

黒岩虎雄

数魔さんの解答例は，(2)の時点で「箱Bには当たりくじが x 本入っている場合を考える」のように，(3)を見越したスマートな方法を採っておられる．受験生で「箱Bには当たりくじが7本入っている場合を考える」と言われた時点でこの方針を採る人は少ないのではないか．実際，私自身が初見で解いたときのメモを見ると，

$$P(A)\cdot P_A(W)=\frac{1}{2}\cdot\frac{10}{100}=\frac{1}{20}$$

$$P(W)=\frac{1}{2}\cdot\frac{10}{100}+\frac{1}{2}\cdot\frac{7}{100}=\frac{17}{200}$$

$$P_W(A)=\frac{1}{20}\div\frac{17}{200}=\frac{10}{17}$$

$$\frac{10}{17}\cdot\frac{9}{99}+\frac{7}{17}\cdot\frac{6}{99}=\frac{132}{17\times 99}=\frac{4}{51}$$

と書いてある．このあたりが，現実的なところではないか．

数魔鉄人

この問題の難しいところは **ケ** ～ **シ** の

$$P_W(A)\times\frac{9}{99}+P_W(B)\times\frac{4}{99}=\frac{2}{27}\qquad(*)$$

のところで，解答例のように記号で表現すればわかるのだが，いきなり $P_W(A)$ や $P_W(B)$ が出てきて何がなんだかわからなくなったのではないか．

通常の条件付き確率の問題では2番目の人が引き終わった後，1番目の人が当たりくじを引いていたことがわかった，という設定であることが大部分である（解答例はこの立場で答えている）が，本問では1番目の人が当たりくじを引いたことが前提になっており考えにくい．

数式で確認できるように時間関係はなくてよく，どの時点で当たりくじを引いたことがわかったかによって結果は影響されない．しかし，式(*)の形は統計的な趣が強く受験生には厳しいだろう．また試験時間を考えても選択問題としてはやり過ぎの感じがする．

黒岩虎雄

本問の (3) については，短答式の特質を踏まえて，次のように捌くのも現実的ではないかと思う．選択肢の表のつくりをよく観察し，ここまでの「問いの流れ」をよく見ることだ．「流れ」に乗るというのは，現行センター試験の《伝統》でもあった．

問(1)を解き終えた段階での花子の発言「やっぱり１番目の人が当たりくじを引いた場合は，同じ箱から引いた方が当たりくじを引く確率が大きいよ．」から，選択肢③と④が消える．

問(2)を解き終えた段階での太郎の発言「今度は異なる箱から引く方が当たりくじを引く確率が大きくなったね．」から，選択肢 ⓪ が消える．

	箱Ｂに入っている当たりくじの本数			
	４本	５本	６本	７本
⓪	同じ箱	同じ箱	同じ箱	~~同じ箱~~
①	同じ箱	同じ箱	同じ箱	異なる箱
②	同じ箱	同じ箱	異なる箱	異なる箱
③	同じ箱	~~異なる箱~~	異なる箱	異なる箱
④	異なる箱	~~異なる箱~~	異なる箱	異なる箱

これで，残る選択肢①と②を比較検討すればよい．表をみれば，箱Ｂに６本の当たりくじが入る場合だけを計算すればよいことがわかる．そこで，これまでに計算したメモを見ながら，数字を修正していく．初見で解いたときの私のメモを引き写すと；

$$P_W(A)=\frac{10}{16}$$

同じ箱のとき；$\frac{10}{16}\cdot\frac{9}{99}+\frac{6}{16}\cdot\frac{5}{99}=\frac{120}{16\times 99}$

異なる箱のとき；$\frac{10}{16}\cdot\frac{6}{100}+\frac{6}{16}\cdot\frac{10}{100}=\frac{120}{16\times 100}$

とある．あとは $\frac{120}{16\times99}>\frac{120}{16\times100}$ で決着がつくわけだが，これを計算した瞬間に「おお，芸術的！」と感じたものだ．数値の設定の芸の細かさのことである．

対話型の問題に移行しても，「流れ」に乗るという《伝統》は残るのかもしれない．

2　確率（問題例）

条件付き確率については，定義の理解をしっかり問う問題で十分であると考え次のような問題を作問した．

数魔鉄人の出題

たとえば，銀行において現金自動預け払い機でお金を引き出すときには，こちらが入力した金額の情報が複数の機器を定まった順番で移動して処理が行われる．太郎さんと花子さんは，情報がある決まった順番で複数の機器を移動してゆくことを考えることにした．会話を読んで下の問いに答えよ．ただし以下では，情報が移動してゆく一連の機器をまとめてシステムということにする．

太郎：まず1個の機器について考えてみよう．機器は不調によって一時的に使用できないことがあるよね．ある機器について，活用したい時間のうちで実際に使用できる時間の割合をその機器の稼働率ということにしよう．

花子：たとえば，ある機器の稼働率が $\frac{99}{100}$ ならば100時間活用するときには，そのうちの99時間が実際に使用できるということだね．

太郎：そうだね．あるシステムを1日に10時間ずつ1年（365日）使用するとき，そのうちこの機器が不調で使用できない時間は **アイ** 時間 **ウエ** 分となるね．

(1) **アイ**，**ウエ** に入る数字をそれぞれ求めよ．

太郎：ここからは，機器の稼働率はすべて $\frac{99}{100}$ として考えよう．さらに，同一システム内の複数の機器について，ある機器が不調であるかどうかは他の機器に影響を与えないとしよう．

花子：たとえば，同一システム内の2つの機器A，Bについて，ある100時間中にAが不調な時間は1時間と見込まれるけど，同時にBも不調である時間はその1時間のうちの $\frac{1}{100}$ の時間と考えるということね．

太郎：うん，そうだね．1つのシステム内において機器Cで処理されたデータが，次に引き続いてもう1つの機器Dで処理される場合を考えよう．ただし簡単のため，機器での処理に要する時間，CとDの間をデータが移動する時間は短時間なので無視できるとしよう．これは今後も，複数の機器をまとめて扱う場合は同じように考えることにするね．

花子：ともに稼働率が $\frac{99}{100}$ だから機器C，Dをまとめた稼働率は $\frac{\boxed{\text{オカキク}}}{10000}$ となるね．

(2) **オカキク** に入る数字を求めよ．

太郎：さらに，稼働率を高めるために同じ処理を同時に複数の機器に処理させることを考えよう．たとえば，ある処理を同時に2つの機器E，Fに処理させるとどうなるかな．

花子：さっきは，機器Cで処理した後，引き続いて機器Dで処理する場合を考えたけど，今度は機器E，Fの両方で同時に処理することを考えるのね．機器E，Fから同時に，それぞれがデータを次の段階に送っても問題ないとしないといけないね．

太郎：確かに，そうだね．どちらか一方が不調なときでも，もう一方がそうでなければ，きちんとデータが処理できるから，稼働率は高くなると思うけど．

花子：実際に計算してみると，機器E，Fをまとめた稼働率は

$\dfrac{\boxed{ケコサシ}}{10000}$ となるね．

(3) $\boxed{ケコサシ}$ に入る数字を求めよ．

太郎：次に，データについて2つの処理①，②をこの順番で行うシステムを考えよう．機器を3個設置することができるとして，処理①を機器G，Hで同時に行い，引き続き処理②を機器Iで行うシステムを構築すると，このシステムの稼働率は $\dfrac{\boxed{スセソタチツ}}{1000000}$ となるね．

(4) $\boxed{スセソタチツ}$ に入る数字を求めよ．

(5) このシステムが稼働しなかったとき，処理①で不調であった確率は

$\dfrac{\boxed{テトナ}}{\boxed{ニヌネノハ}}$ である．

解答例

(1) 1日に10時間ずつ365日使用し，稼働率が $\frac{99}{100}$ なので，機器が不調で使用できない時間は

$$10\times365\times\left(1-\frac{99}{100}\right)=36.5$$

となる．よって36時間30分となる．

(2) 機器Cで処理されたデータが，もう1つの機器Dで引き続き処理されるとき，ともに稼働率は $\frac{99}{100}$ なので，その稼働率は

$$\frac{99}{100}\times\frac{99}{100}=\frac{9801}{10000}$$

となる．

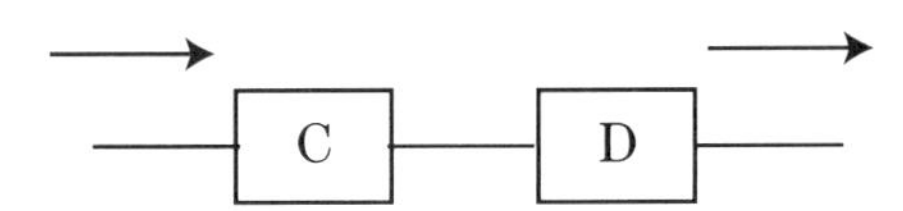

(3) 機器E，Fの両方同時にデータを処理すると，ともに稼働率が $\frac{99}{100}$ なので，ともに不調であるときは処理している時間のうち

$$\left(1-\frac{99}{100}\right)\times\left(1-\frac{99}{100}\right)=\frac{1}{10000}$$

となる．よって，このときの稼働率は

$$1-\frac{1}{10000}=\frac{9999}{10000}$$

となる．

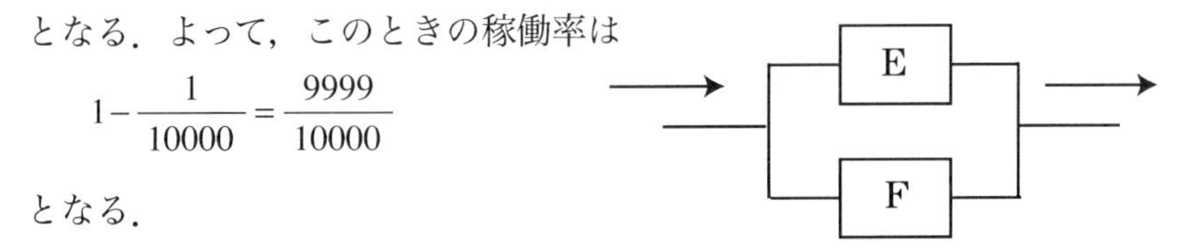

(4) あるデータを，まず処理①を機器G，Hで同時に行うとき，その稼働率は(3)より $\frac{9999}{10000}$ である．引き続き処理②を機器Ｉで行うとき，このシステム全体の稼働率は

$$\frac{9999}{10000}\times\frac{99}{100}=\frac{989901}{1000000}$$

となる．

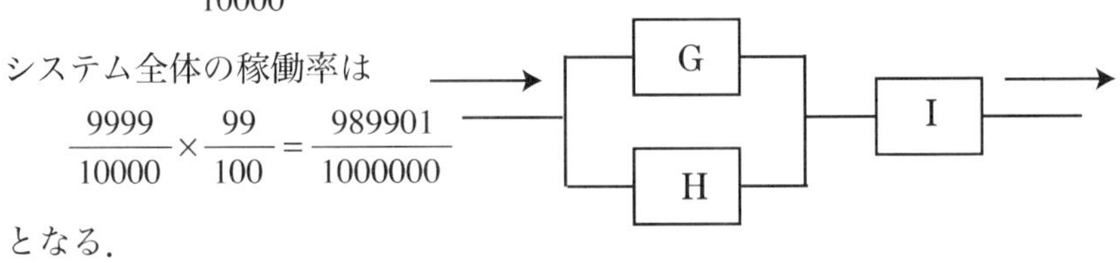

(5) 処理①で不調である確率は $\frac{1}{10000}$ であるから，求める条件付き確率は $\dfrac{\frac{1}{10000}}{1-\frac{989901}{1000000}}=\frac{100}{10099}$ である．

黒岩虎雄

システムを安定して稼働させるためには，システムに冗長性を仕込んでおくことも必要であるということを実感できる問題で，よいと思う．

「機器の稼働率はすべて $\frac{99}{100}$ として考えよう」というくだりを読んで，

「機器の稼働率はすべて p として考えよう」と一般化する流れも考えたが，現実的な試験時間の設定や，

> Ｄ１　解決過程を振り返り，得られた結果を意味づけたり活用したりすること

ができるような流れをつくるには，p よりも $\frac{99}{100}$ の方がよいと思う．

この「続き」となるような問題の発展のさせ方を，授業の中で生徒たちに議論させてみるのも面白いかもしれない．

検定教科書固有の説明の順序

数学の世界には，《証明なき主張は許さない》という規範がある．筆者はユークリッド流の頑なな公理主義を標榜する者ではないのだが，検定教科書を読んでいると《証明なき主張》がチラホラ登場するので，生徒たちにどのように説明をしてよいものやら困ってしまう．

「整数の性質」の単元で例を挙げてみたい．この単元の冒頭は「約数と倍数」から話が始まり，「最大公約数と最小公倍数」の項目で「互いに素」という概念が出てくる．「2つの整数 a, b の最大公約数が1であるとき，a, b は **互いに素** であるという」と定義を述べるまではよい．教科書では続いて「a, b, k は整数とする．a, b が互いに素で，ak が b の倍数であるならば，k は b の倍数である」……(*)という定理が紹介される．数学の規範にしたがえば，ここで何らかの《証明》か，証明が困難であれば緩めの《説明》があっても良さそうなものだが，それらの気配もなく，直後に「例題」が入る．数学の世界の伝統的な《規範》が遵守されていないのである．

なぜこんなことになるのか．学習指導要領と，それに基づいた教科書検定制度の結果であろう．教科書執筆者たちには，おそらく罪はない．文科省（検定にあたる調査官）への忖度なしには，子どもたちの前に教科書を届けることができないのだ．

ちなみに整数論の教科書（検定教科書ではなく，大学等で用いられるもの）では，(*)に至るまでの道筋がある．まずユークリッド互除法の概念を学ぶ．そこから1次不定方程式の議論を経て「a, b が互いに素であるとき，$ax+by=1$ となる整数 x, y が存在する」という事実（整数論の基本定理）を学ぶ．ここから $k=akx+bky$ を得るので(*)に至るという流れである．なぜ検定教科書は，たったこれだけのことも説明できないのか．それは，学習指導要領によって，整数分野の学習順序が「約数と倍数→ユークリッドの互除法」と指定されているからである．論理の順序よりも「わかりやすい順序」を優先しているのであろう．検定教科書は，難しいのだ．　（黒岩虎雄）

大学入学共通テストが目指す新学力観

数学I・A　第5章
整数の性質

1　整数の性質（試行調査から）

数魔鉄人

今回も数学Ｉ・Ａの選択問題から整数分野の問題を取り上げる．前回も指摘したがこの問題も難関校の記述レベルの内容で選択マーク式ゆえ何とか試験になっている感じである．

黒岩虎雄

今回とりあげる試行調査の整数の問題は，難易度が高かった．ただし，並列する選択問題との比較においては，同程度だったようだ．

第 3 問（確率）；選択率 75.96%，平均点 21.43%

第 4 問（整数）；選択率 75.28%，平均点 25.98%

第 5 問（図形）；選択率 48.77%，平均点 23.83%

試行調査2018より

ある物体 X の質量を天秤ばかりと分銅を用いて量りたい．天秤ばかりは支点の両側に皿 A,B が取り付けられており，両側の皿にのせたものの質量が等しいときに釣り合うように作られている．分銅は 3g のものと 8g のものを何個でも使うことができ，天秤ばかりの皿の上には分銅を何個でものせることができるものとする．以下では，物体 X の質量を M(g) とし，

M は自然数であるとする.

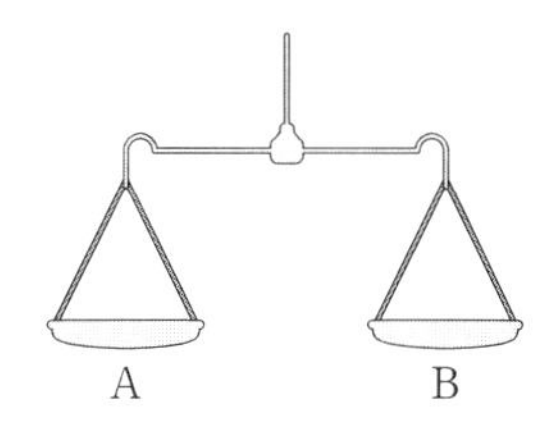

(1) 天秤ばかりの皿 A に物体 X をのせ，皿 B に 3g の分銅 3 個をのせたところ，天秤ばかりは B の側に傾いた. さらに，皿 A に 8g の分銅 1 個をのせたところ，天秤ばかりは A の側に傾き，皿 B に 3g の分銅 2 個をのせると天秤ばかりは釣り合った. このとき，皿 A, B にのせているものの質量を比較すると

$$M+8\times\boxed{\text{ア}}=3\times\boxed{\text{イ}}$$

が成り立ち，$M=\boxed{\text{ウ}}$ である. 上の式は

$$3\times\boxed{\text{イ}}+8\times\left(-\boxed{\text{ア}}\right)=M$$

と変形することができ，$x=\boxed{\text{イ}}$，$y=-\boxed{\text{ア}}$ は，方程式 $3x+8y=M$ の整数解の一つである.

(2) $M=1$ のとき，皿 A に物体 X と 8g の分銅 $\boxed{\text{エ}}$ 個をのせ，皿 B に 3g の分銅 3 個をのせると釣り合う. よって，M がどのような自然数であっても，皿 A に物体 X と 8g の分銅 $\boxed{\text{オ}}$ 個をのせ，皿 B に 3g の分銅 $\boxed{\text{カ}}$ 個をのせることで釣り合うことになる. $\boxed{\text{オ}}$，$\boxed{\text{カ}}$ に当てはまるものを，次の ⓪～⑤のうちから一つずつ選べ. ただし，同じものを選んでもよい.

⓪ $M-1$　　① M　　② $M+1$

③ $M+3$　　④ $3M$　　⑤ $5M$

(3) $M=20$ のとき，皿 A に物体 X と 3g の分銅 p 個をのせ，皿 B に 8g の分銅 q 個をのせたところ，天秤ばかりが釣り合ったとする．このような自然数の組 (p,q) のうちで，p の値が最小であるものは

$p=$ **キ** $,q=$ **ク** であり，方程式 $3x+8y=20$ のすべての整数解は，整数 n を用いて

$x=$ **ケコ** $+$ **サ** n，$y=$ **ク** $-$ **シ** n

と表すことができる．

(4) $M=$ **ウ** とする．3g と 8g の分銅を，他の質量の分銅の組み合わせに変えると，分銅をどのようにのせても天秤ばかりが釣り合わない場合がある．この場合の分銅の質量の組み合わせを，次の ⓪〜③のうちからすべて選べ．ただし，2 種類の分銅は，皿 A，皿 B のいずれにも何個でものせることができるものとする． **ス**

⓪ 3g と 14g　① 3g と 21g　② 8g と 14g　③ 8g と 21g

(5) 皿 A には物体 X のみをのせ，3g と 8g の分銅は皿 B にしかのせられないとすると，天秤ばかりを釣り合わせることでは M の値を量ることができない場合がある．このような自然数 M の値は **セ** 通りあり，そのうち最も大きい値は **ソタ** である．

ここで，$M>$ **ソタ** であれば，天秤ばかりを釣り合わせることで M の値を量ることができる理由を考えてみよう．x を 0 以上の整数とするとき，

(i) $3x+8\times0$ は 0 以上であって，3 の倍数である．

(ii) $3x+8\times1$ は 8 以上であって，3 で割ると 2 余る整数である．

(iii) $3x+8\times2$ は 16 以上であって，3 で割ると 1 余る整数である．

ソタ より大きな M の値は，(ⅰ),(ⅱ),(ⅲ)のいずれかに当てはまることから，0 以上の整数 x, y を用いて $M=3x+8y$ と表すことができ，3g の分銅 x 個と 8g の分銅 y 個を皿 B にのせることで M の値を量ることができる．

このような考え方で，0 以上の整数 x, y を用いて $3x+2018y$ と表すことができないような自然数の最大値を求めると，**チツテト** である．

解答例

(1) 皿 A,B の釣り合いの式をつくると，

$M+8\times1=3\times5$　　　**ア** $=1$, **イ** $=5$

よって，$M=$ **ウ** $=7$

(2) $M=1$ のとき，$1+8\times$ **エ** $=3\times3$ より **エ** $=1$

両辺を M 倍して，$M+8\times M=3\times3M$ とできるので，

オ $=M$　(①)，**カ** $=3M$　(④)

(3) $M=20$ のとき，$20+3\times p=8\times q$ より

$p=$ **キ** $=4$, $q=$ **ク** $=4$

$3x+8y=20$ と $3\times(-4)+8\times4=20$ から，

$3(x+4)=-8(y-4)$

3,8 は互いに素だから $x+4$ は 8 の倍数で，整数 n が存在して

$x+4=8n$，$y-4=-3n$

と書ける．よって，

$x=$ **ケコ** $+$ **サ** $n=-4+8n$，$y=$ **ク** $-$ **シ** $n=4-3n$

(4)　$M=7$ のとき，それぞれの選択肢を1次方程式で書く．

⓪　$3x+14y=7$　；3,14 は互いに素なので，整数解をもつ．

①　$3x+21y=7$　；左辺の係数は3の倍数なので，整数解はない．

②　$8x+14y=7$　；左辺の係数は2の倍数なので，整数解はない．

③　$8x+21y=7$　；8,21 は互いに素なので，整数解をもつ．

ス は①と②（2つ選ぶ）

(5)　$M=3x+8y$, $x \geq 0$, $y \geq 0$ の形で表せないような自然数 M の値は，

7以下の3で割って2余る数（2,5）と，

15以下の3で割って1余る数（1,4,7,10,13）

であるから，$M=1,2,4,5,7,10,13$ の **セ** $=7$　通りがある．そのうちの最大の数は **ソタ** $=13$ である．

さいごに，0以上の整数 x, y を用いて $3x+2018y$ と表すことができないような自然数の最大値を求める．$2018=3\times672+2$ に注意すると，

$3x+2018\times0$ は0以上の値で3で割り切れる．

$3x+2018\times1$ は2018以上の値で3で割って2余る．

$3x+2018\times2$ は4036以上の値で3で割って1余る．

よって，$3x+2018y$ と表すことができないような自然数は，

2017以下の値で3で割って2余る数と，

4035以下の値で3で割って1余る数

であり，そのうちの最大の数は **チツテト** $=4033$ である．

数魔鉄人

(4)までは現行のセンター試験のレベルと同程度の難易度であると考えていたが，実際は(3)以降正答率がガクンと落ちており長い文章の問題文がこの正答率低下の原因なのかと思っている．さらに，(5)は2000年に大阪大

学で出題された次の問題とほぼ同じ問題で共通テストで問うような問題ではないのだろう．ヒントをつけてあるから答えを導けるはずということで出題されたのであろうがやはり無理があったようである．今回の問題は解答の再現性（客観性）を主としたものであり，題材を天秤はかりとした以外は新テストとしての強調材料はない．

【参考問題】

どのような負でない 2 つの整数 m と n をもちいても $x=3m+5n$ とは表すことができない正の整数 x をすべて求めよ．

（2000 大阪大・理系）

n ＼ m	0	1	2	3	4	5	…
0	0	3	6	9	12	15	…
1	5	8	11	14	17	20	…
2	10	13	16	19	22	25	…
⋮	⋮	⋮	⋮	⋮	⋮	⋮	⋱

この表より，$8=3\cdot1+5\cdot1$，$9=3\cdot3+5\cdot0$，$10=3\cdot0+5\cdot2$

つまり，8 ,9 ,10 の連続する 3 数は表せることが分かる．よって，これ以降の自然数はすべて上式のいずれかに 3　をいくつか加えることで表すことができる．したがって，求める正の整数は 1 以上 7 以下で，かつこの表に現れない整数であるから $x=1,2,4,7$

黒岩虎雄

数魔さんは正答率の低さを問題にされているが，私はそれ自体は大きな問題にはならないと考えている．というのも，2018年11月プレテスト数学Ⅰ・Aを受検した学年は，この時点での高校 3 年生（ 13,407 人）と 2 年生（ 52,357 人）であるからだ．およそ 8 割が高校 2 年生ということになる．大した受験勉強もしていないし，自分たちが新テストを受けるわけではないのに，国が実施する試行調査に付き合わされているのである．全体の平均点は 25.61 点，このうち高校 3 年生だけの平均点は 30.74 点であった．学年と実施時期（ 11 月）という環境の違いを踏まえれば，現行センター試験の平均点（ 60 点程度）と比較して低いのも当然で，相応の準備と

（あと 2 ヶ月の）受験勉強を経れば，それなりの正答率が確保できる可能性はあると思う．もちろん，数魔さんの仮説「長い文章の問題文がこの正答率低下の原因」は，十分にあり得る話であるとも考えている．

(4)の **ス** では，あてはまるものを「すべて選べ」という出題形式であった．2017 年と 2018 年の 2 度の試行調査において，注目された形式であった．出題形式上，必然的に，正答率は下がる．この形式について，試行調査の結果報告（平成 31 年 4 月 4 日付）には，注目すべき記載があったので引用しておく．

> ○ 当てはまる選択肢を全て選択する問題では，これまでの択一式では十分に問うことができなかった資質・能力を問うことができるメリットがある．一方で，マークの読み取りに関する課題も指摘されている．
> ○ マークの読み取りでは，現在はかなり薄いマークも読み取りつつ，より濃度の濃いマーク一つを解答として判断している．複数マークを正答として扱う場合，どこまでの濃度を解答として判断すべきかの技術的な検証を行うため，マークシート 1 行に濃度の濃いマークと薄いマークを混在させて，そのほかのマークの読み取りへの影響を調べたところ，薄いマークと消し跡を明確に区別して読み取るような基準を設定することは困難であった．
> ○ 出題上のメリットはあるものの，受検者への影響を踏まえると，当てはまる選択肢を全て選択する問題は，CBT形式の導入などがなされれば可能であるが，マークシートを前提とした共通テスト導入当初から実施することは困難であると考えられる．

本問 **ス** （正解 2 個）は，正答率 13.45%，無解答率 34.21% であった．当局の分析を引用しておく．

> ・ 二元一次方程式が自然数の解をもたないときの係数の特徴を考察する問題であり，教科書にある基本的な概念を用いて包括的に判断する問題であったが，文脈に応じて立式できなかったり，式を解釈することができなかったりした受検者がいた可能性がある．
> ・ 無解答率が 34.21% であることから，他の問題に解答時間を費やし，本問に辿り着けなかった可能性もある．

続いての(5)であるが，Hi群（成績上位層）とLo群（下位層）の正答率の差が20ポイント以下の問題となっている．

セ　は，正答率6.45%，無解答率54.14%

ソタ　は，正答率5.31%，無解答率57.43%

チツテト　は，正答率1.08%，無解答率66.77%

であった．正答率そのものが1割を切っているのだから，上位層と下位層の識別が働いていないという結果になる．その理由として当局の分析は，次のとおりである．

- 二つの自然数を変数とする二元一次式が表現し得る自然数について考察する問題である．解答番号 **セ**，**ソタ** については，比較的簡単な係数による一次式であったにもかかわらず，いずれも無解答率が50%を超えていることから，他の問題で解答時間の多くを費やし，本問を思考する時間が足りなかった可能性がある．
- 解答番号 **チツテト** については，前問の考察を拡張して，より一般的に考察することを求めた．直前に考察のための道筋を提示したものの，受検者にとっては難易度が高かった可能性がある．

(5) **チツテト** の正答率1.08%は，現行の大学入試センター試験と比較しても難易度は格段に高い．当局は「試行調査」という形で挑戦的な出題をしてみたものの，現実の正答率を観測した結果，2020年1月の本番では，現実の受験生を上位層から下位層まで識別する必要性を踏まえて，難易度を易しくする方向で，修正をかけてくることが予想される．

なお，本問については，試験問題としての難易度の適切さの議論は脇におくことにしつつも，次のような一般化された命題を見ておきたい．

【命題】a,b を2以上の互いに素な自然数とする．$ax+by$（x,y は非負整数）の形に表すことができない自然数の最大値は，$ab-a-b$ である．

この命題の証明は，中国剰余定理を利用したものが，数理哲人『数学オリンピックの表彰台に立て』（技術評論社，2018年）の134ページに掲載されている．

本問において $a=3$ と $b=2018$ は互いに素であることから，上の【命題】を用いてしまうと，**チツテト** $=3\times2018-3-2018=4033$ である．ただしこれは，出題が想定している思考方法ではないことは言うまでもない．

数魔鉄人

ところで本問の素材となった「天秤ばかり」であるが，最近は家庭用のはかりはほとんどデジタルな電子はかりで，天秤ばかりを見たことがない生徒たちも多いのではないか．2次関数の問題ではデジタルを強調し，本問ではアナログなイメージであって，その対比が印象深い．

2　整数の性質（問題例）

数魔鉄人

さて，2024年度入試から新学習指導要領での試験となるが，その新学習指導要領には，単元としての「整数の性質」が見当たらない．数学Aの3分野は「図形の性質」，「場合の数と確率」，「数学と人間の活動」となっている．数学と人間の活動の分野に整数が入るようなのだが，タイトルから考えてパズル的な問題が多く扱われる可能性がある．そこで次の問題を作問してみた．

数魔鉄人の出題

$111\cdots11$ のように数字1が n 個並んだ数を考えてみよう．

まず，このような数が5で割り切れるかどうかを考えてみる．

$$111\cdots11=10^{n-1}+10^{n-2}+\cdots+10^0$$

であるから，**ア** であることがわかる．

次に，このような数が 7 で割り切れる場合があるかどうかを考えてみる．

順番に調べていくと，$n=$ **イ** のときの数が 7 で割り切れることがわかる．そこで，このような数が 2019 で割り切れる場合があるかどうかを考えることが今回のテーマである．さすがに，2019 だと順番に調べていくことはできないので，工夫が必要である．

ある数を 2019 で割った余りとして考えられる数は全部で **ウ** 通りあるから，$1, 11, 111, \cdots$ と順番に **ウ** $+1$ 個の数について 2019 で割った余りを考えると，少なくとも 1 組，同じ余りのものがある．それを，余りを r として

$$\underbrace{111\cdots11}_{m\text{個}}=2019\times k_1+r \quad \cdots\cdots①$$

$$\underbrace{111\cdots11}_{l\text{個}}=2019\times k_2+r \quad \cdots\cdots②$$

と書いてみる．ここで，m, l, k_1, k_2, r はもちろん整数で，$m>l, k_1>k_2$ とする．① − ②をつくると，

$$\underbrace{111\cdots11}_{m-l\text{個}}\underbrace{00\cdots00}_{l\text{個}}=2019\times(k_1-k_2)$$

ゆえに

$$\underbrace{111\cdots11}_{m-l\text{個}}\times10^l=2019\times(k_1-k_2)$$

ここで，**エ** から，$\underbrace{111\cdots11}_{m-l\text{個}}$ は 2019 の **オ** ことがわかる．つまり，$111\cdots11$ のような数字 1 が n 個並んだ数で，2019 の倍数となるものが **カ** ．

(1) ［ア］，［イ］に当てはまるものを，次の ⓪～⑨のうちから一つずつ選べ．

⓪ 5 で割り切れる　　① 5 で割り切れない

② 2　③ 3　④ 4　⑤ 5

⑥ 6　⑦ 7　⑧ 8　⑨ 9

(2) ［ウ］に当てはまるものを，次の ⓪～③のうちから一つ選べ．

⓪ 2017　① 2018　② 2019　③ 2020

(3) ［エ］に入るものとして **不適切なもの** を，次の ⓪～④のうちから一つ選べ．

⓪ 2019 と 10 は互いに素である

① 2019 と 10 は共通因数をもたない

② 2019 と 10 の最大公約数は 1 である

③ 2019 は素数である

④ 2019 は 2 と 5 を約数にもたない

(4) ［オ］，［カ］に当てはまるものを，次の ⓪～④のうちから一つずつ選べ．

⓪ 約数である　　① 倍数である

② 約数でも倍数でもない　　③ 存在する　　④ 存在しない

1 が 12 個並んだ 111111111111 は先の結果から，約数として［キ］，［ク］，［ケコ］をもつことがわかる．この結果を用いると，

111111111111

$=$［キ］$\times$［ク］$\times$［ケコ］$\times$［サシ］$\times$［スセ］$\times\left(10^{［ソ］}+［タ］\right)$

と書けることがわかる．ただし，

$$\boxed{\text{キ}} < \boxed{\text{ク}} < \boxed{\text{ケコ}} < \boxed{\text{サシ}} < \boxed{\text{スセ}}$$

であるとする.

(5) $\boxed{\text{キ}}$, $\boxed{\text{ク}}$, $\boxed{\text{ケコ}}$ に当てはまる数を求めよ.

(6) $\boxed{\text{サシ}}$, $\boxed{\text{スセ}}$, $\boxed{\text{ソ}}$, $\boxed{\text{タ}}$ に当てはまる数を求めよ.

解答例

$\boxed{\text{ア}}=$①, $\boxed{\text{イ}}=6$, $\boxed{\text{ウ}}=$②, $\boxed{\text{エ}}=$③, $\boxed{\text{オ}}=$①, $\boxed{\text{カ}}=$③,
$\boxed{\text{キ}}=3$, $\boxed{\text{ク}}=7$, $\boxed{\text{ケコ}}=11$, $\boxed{\text{サシ}}=13$, $\boxed{\text{スセ}}=37$,

$10^{\boxed{\text{ソ}}}+\boxed{\text{タ}}=10^6+1$

黒岩虎雄

1ばかりが並ぶ数はレピュニット数（Repunit）あるいは単位反復数と呼ばれる. 命名の由来は repeated-unit である. 本問は十進法表示でのレピュニット数についての楽しい出題である.

2019 で割り切れるかどうかの議論の中で「鳩の巣原理」あるいは「抽き出し論法」が用いられる. この論法はパズル色が強いので, 短答式試験の場合には, 本問のように誘導（補題）を与えながらすすめていくのが適切だろう.

(3)の $\boxed{\text{エ}}$ は, 不適切なものを選ばせるので, 同値な表現である ⓪, ①, ②, ④が正解ではないことはすぐにわかる. そもそも, 選択肢がなくても $\boxed{\text{エ}}$ に入る内容として, ⓪, ①, ②, ④のいずれかを直ちに想起できなければならないだろう. 不適切なものとして③を選ぶことになるが, 現実には $2019=3\times 673$ であってこれは素数ではない. つまり, ③はそもそも選択肢として偽の主張をしているのだが，それが「エにおいて不適切である理由」ではないことに注意が必要である．

問いかける内容をあまり欲張ってしまうのも（試験問題としては）問題だが，レピュニット数についての設問を私からも追加しておこう．

黒岩虎雄の出題

111…11 のように数字 1 が n 個並んだ数を考えてみよう．

このような数が平方数になるかどうかを考えてみる．$n=$ チ のとき，確かに平方数になる．$n>$ チ のとき，平方数になることがあると仮定して，

$$\underbrace{111\cdots11}_{n\text{個}}=k^2 \quad \cdots\cdots③$$

とおいてみよう．ここで k は正の整数である．

③式の左辺を 4 で割った余りを求めると ツ であって，これは n の値によらない．一方，③式の右辺を 4 で割った余りを求めてみる．k が偶数のときは，k^2 を 4 で割った余りは テ である．また，k が奇数のときは，k^2 を 4 で割った余りは ト である．したがって，③式が成り立つことはあり得ない．ゆえに，数字 1 が n 個並んだ数が平方数になる場合は，$n=$ チ のときだけである．

解答例

チ $=1$，ツ $=3$，テ $=0$，ト $=1$

数魔鉄人

レピュニット数については他にも面白い性質があるので紹介しておこう．問題作成の素材として，お手頃なのではないだろうか．

(1) レピュニット数を 7 で割ったときの余りが 3 になることはない．
(2) 7 以上のすべての素数 p に対し，$p-1$ 桁のレピュニット数は p で割り切れる．

［証明］

n 桁のレピュニット数を R_n と表示すると，$R_n=\dfrac{10^n-1}{9}$ である．

(1) R_6 は 7 で割り切れるので，$R_{n+6}\equiv R_n \pmod 7$ である．よって，R_n を 7 で割った余りは周期 6 で循環する．7 で割った余りは 7 種類あることから，少なくとも 1 種類の余りは取り得ない．あとは調べてみれば，余りとして 3 だけが出現しないことが確かめられる．

(2) $9R_{p-1}=10^{p-1}-1$ に注意する．$p\neq 2,5$ のとき，10 と素数 p は互いに素だから，フェルマー小定理により $10^{p-1}\equiv 1 \pmod p$ なので，
$9R_{p-1}=10^{p-1}-1\equiv 0 \pmod p$ である．さらに $p\neq 3$ のとき，9 は素数 p で割り切れないので，R_{p-1} は p で割り切れる．

大学入学共通テストが目指す新学力観
数学I・A　第6章
図形の性質

1　新学力観のもと数学は変わるのか

黒岩虎雄

今回の原稿を書いているのは令和元年の夏休み．各高等学校では，いまや私立・公立を問わず補習や夏期講習が盛んに行われている．進学校の生徒たちには，昔ながらのゆったりした夏休みは与えられない．

夏休みに入ってすぐの 7 月半ばには，「大学入学共通テストの数学において，数学の文章記述の出題は見送る」という方針が報道された．報道によれば，「試行調査で正答率が低迷した結果を踏まえ，記述式問題は 3 問いずれも数式などを記述する問題とする」という方針に転換した模様だ．情報の出どころは，大学入試センターが教育委員会などを含む高校関係者を対象に 2019 年 7 月 4 日から全国7地区で開催中の「2020 年度大学入学者選抜大学入試センター試験説明協議会」において明らかにしたものであるという．

私は先日，前任校の数学教員Kらと飲む機会があったんだ．上記の報道の直後でもあったので，それも当然に話題に上る．Kは「黒岩さん，結局新テストになっても，数学はそんなに変わらないんですよね？」と言い始める．あぁ，来た来た．《現状維持バイアス》野郎だ．この連載の初回冒頭に「自分たちが新たな対応の労力をかけることを惜しむのを正当化する《現状維持バイアス》に浸かっているケースも見かける」と書いたことの具体例が，また現れた．「K先生，報道をちゃんと読みましたか．記述式がなくなるわけではないのですよ」，「数式などを記述する問題が出題されるのです」などと，事実認識の誤りを正してあげる．ここが食い違っていたら，議論のベーシックな前提が満たされないからだ．

ところが，話を続けていても，どうも噛み合わない．おかしいな，というかほぼ確信を持って，問いかけた．「K先生，あなた，2回の試行調査の問題はご覧になってますか．ご自身で解いていらっしゃいますか」と．答えは「まだ」ということである．「2回4本のテストで，たった4～5時間の話ですよ．そんな時間も取れないのですか」と返すが，済まなそうな顔をしているわけでもない．「私，昨年の試行調査実施後に，分析資料を献本差し上げましたが，読んでおられないのですか」と問うと，こちらも「まだ」ということである．

逆に，私に対して喰ってかかってきたので，そろそろ意を決した．「K先生，よくその状態で教壇に立てますね」「私は，あなたの指導を受けている生徒たちを，心より気の毒に思います」「恥を知れ！」と告げて席を立ち，おさらばした．K先生は，私より年配の，指を折って定年を待つようなお年ごろである．上司でも何でもないのだから，忖度する必要もない．内心を想像するに，変化を嫌い，あと数年の間を，何とか逃げ切りたいのだろう．K先生だけではない．似たような教員を，私はたくさん見ている．本当に，心から情けないことだと思うし，潜在的には被害者になっていくであろう生徒たちが気の毒でならない．

現在学んでいる高校生が受検することになる新テストにおいて，試行調査に示したような方向に，大きく舵を切るのか，さほど変わらないのか，そんなことは当局以外には知る由もない．どちらに転ぶかわからない以上，国が，当局が「こんな風に変えたいんだけど」と示してきたものを読まず解かず，数学の教員として教壇に立ち続けていることは，職業人として背信行為に近いと言わざるを得ないだろう．

いつもこういうことを書いているためか，『現代数学』編集部に，しばしば電話がかかってくるそうだ．「黒岩さんという方，何であんなに偉そうなんですか」と．電話をなさったあなたも，胸が痛いのだろう．人は，本当のことを言われると，腹が立つものだ．しょうがない．ヒールという者，ブーイングを浴びるほど，元気になるものだ．偉そうで悪かったな．

2　図形の性質（試行調査から）

数魔鉄人

選択問題の第5問はフェルマー点の問題で今まで何回か入試に出題されたことがあるが，いずれも難問として認識されている．フェルマー点とは，三角形ABCにおいて，3頂点からの距離の和 $AF+BF+CF$ を最小にする点Fのことである．本問はトレミーの不等式を用いたフェルマー点の存在証明となっている．ここで，トレミーの不等式とは次のようなものである．

平面上の任意の4点 A, B, C, D に対して，

$$AB \cdot CD + AD \cdot BC \geq AC \cdot BD$$

等号成立条件は，A, B, C, D がこの順番に円周上にあるとき．

等号が成り立つときの式はトレミーの定理としてよく知られているもので，円に内接する四角形については使い勝手がよいので，センター試験でも裏技的な手法として取り上げられることも多かったと記憶している．会話文形式で丁寧な誘導になっているが，それでも経験がないと難しく感じるだろう．実際に解いてみてもらいたい．

黒岩虎雄

単元「図形の性質」からの出題は，三角形のフェルマー点をモチーフとしている．(1) では有名問題ともいえる［問題 1］が，補題として与えられる．続いての［問題 2］は，三角形において各頂点からの距離の和を最小にする点（フェルマー点）を決定する問題である．解決に必要となる［定理］も一緒に与えられる．太郎と花子の会話を読むことで，場合分けの必要性に気づくような設定となっている．本問も，ほとんど計算不要の定性的な問題で，問われている内容は実に数学的である．

試行調査2018より

ある日，太郎さんと花子さんのクラスでは，数学の授業で先生から次の問題 1 が宿題として出された．下の問いに答えよ．なお，円周上に異なる 2 点をとった場合，弧は二つできるが，本問題において，弧は二つあるうちの小さい方を指す．

問題 1
正三角形 ABC の外接円の弧 BC 上に点 X があるとき，
$AX = BX + CX$ が成り立つことを証明せよ．

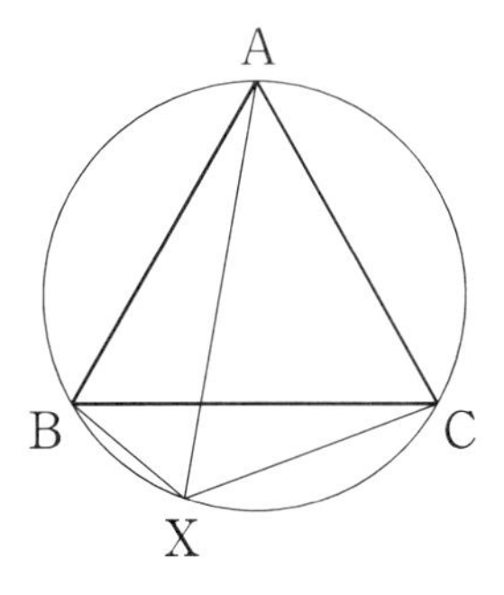

(1) 問題１は次のような構想をもとにして証明できる．

> 線分 AX 上に $BX=B'X$ となる点 B' をとり，B と B' を結ぶ．
> $AX=AB'+B'X$ なので，$AX=BX+CX$ を示すには，
> $AB'=CX$ を示せばよく，$AB'=CX$ を示すには，２つの三角形 **ア** と **イ** が合同であることを示せばよい．

ア，**イ** に当てはまるものを，次の ⓪～⑦のうちから一つずつ選べ．ただし，**ア**，**イ** の解答の順序は問わない．

⓪　$\triangle ABB'$　①　$\triangle AB'C$　②　$\triangle ABX$　③　$\triangle AXC$
④　$\triangle BCB'$　⑤　$\triangle BXB'$　⑥　$\triangle B'XC$　⑦　$\triangle CBX$

太郎さんたちは，次の日の数学の授業で 問題１ を証明した後，点 X が弧 BC 上にないときについて先生に質問をした．その質問に対して先生は，一般に次の 定理 が成り立つことや，その 定理 と 問題１ で証明したことを使うと，下の 問題２ が解決できることを教えてくれた．

> 定理
> 平面上の点 X と正三角形 ABC の各頂点からの距離 AX，BX，CX について，点 X が三角形 ABC の外接円の弧 BC 上にないときは，$AX<BX+CX$ が成り立つ．

> 問題２
> 三角形 PQR について，各頂点からの距離の和 $PY+QY+RY$ が最小になる点 Y はどのような位置にあるかを求めよ．

(2) 太郎さんと花子さんは 問題2 について，次のような会話をしている．

花子：問題1で証明したことは，二つの線分 BX と CX の長さの和を一つの線分 AX の長さに置き換えられるってことだよね．

太郎：例えば，下の図の三角形 PQR で辺 PQ を1辺とする正三角形をかいてみたらどうかな．ただし，辺 QR を最も長い辺とするよ．辺 PQ に関して点 R とは反対側に点 S をとって，正三角形 PSQ をかき，その外接円をかいてみようよ．

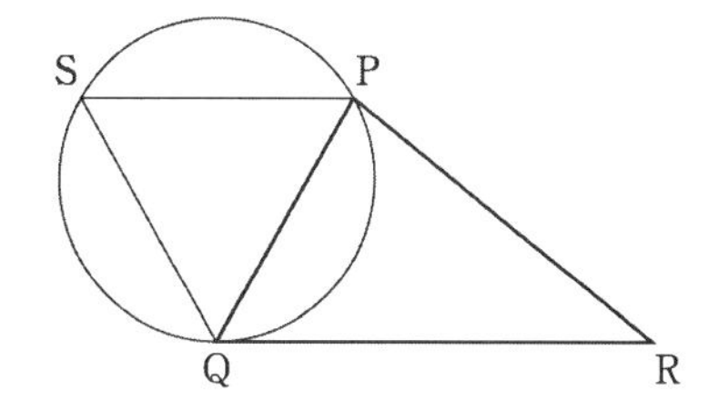

花子：正三角形 PSQ の外接円の弧 PQ 上に点 T をとると，PT と QT の長さの和は線分 ウ の長さに置き換えられるから，PT＋QT＋RT＝ ウ ＋RT になるね．

太郎：定理 と 問題1 で証明したことを使うと 問題2 の点 Y は，点 エ と点 オ を通る直線と カ との交点になることが示せるよ．

花子：でも，∠QPR が キ °より大きいときは，点 エ と点 オ を通る直線と カ が交わらないから，∠QPR が キ °より小さいときという条件がつくよね．

太郎：では，∠QPR が キ °より大きいときは，点 Y はどのような点になるのかな．

(i) ウ に当てはまるものを，次の ⓪～⑤ のうちから一つ選べ．

⓪ PQ　① PS　② QS
③ RS　④ RT　⑤ ST

(ii) エ ， オ に当てはまるものを，次の ⓪～④ のうちから一つずつ選べ．ただし， エ ， オ の解答の順序は問わない．

⓪ P　① Q　② R　③ S　④ T

(iii) カ に当てはまるものを，次の ⓪～⑤ のうちから一つ選べ．

⓪ 辺 PQ　① 辺 PS　② 辺 QS
③ 弧 PQ　④ 弧 PS　⑤ 弧 QS

(iv) キ に当てはまるものを，次の ⓪～⑥ のうちから一つ選べ．

⓪ 30　① 45　② 60　③ 90
④ 120　⑤ 135　⑥ 150

(v) $\angle$QPR が キ °より「小さいとき」と「大きいとき」の点 Y について正しく述べたものを，それぞれ次の ⓪～⑥ のうちから一つずつ選べ．ただし，同じものを選んでもよい．

小さいとき ク　　大きいとき ケ

⓪ 点 Y は，三角形 PQR の外心である．
① 点 Y は，三角形 PQR の内心である．
② 点 Y は，三角形 PQR の重心である．
③ 点 Y は，$\angle$PYR $=$ $\angle$QYP $=$ $\angle$RYQ となる点である．

④　点 Y は，$\angle PQY + \angle PRY + \angle QPR = 180^\circ$ となる点である．

⑤　点 Y は，三角形 PQR の 3 つの辺のうち，最も短い辺を除く二つの辺の交点である．

⑥　点 Y は，三角形 PQR の 3 つの辺のうち，最も長い辺を除く二つの辺の交点である．

解答例

ア，**イ** ＝⓪，⑦，**ウ** ＝⑤，**エ**，**オ** ＝②，③

カ ＝③，**キ** ＝④，**ク** ＝③，**ケ** ＝⑥

数魔鉄人

最小角が 120° 未満の三角形 ABC においてはフェルマー点 F は三角形の内部に存在して，

$$\angle AFB = \angle BFC = \angle CFA = 120^\circ$$

この証明は（本問 **ク** まで）

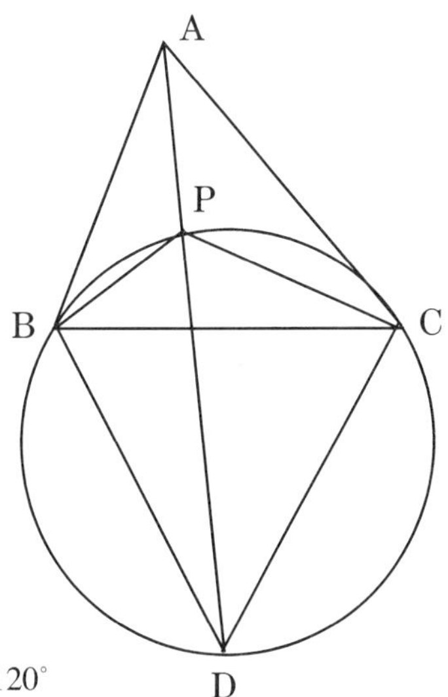

直線 BC に関して A と反対側に，三角形 BCD が正三角形となるように点 D をとる．トレミーの不等式より

$$BP + CP \geq PD$$

よって，

$$AP + BP + CP \geq AP + PD \geq AD$$

等号は，B , P , C , D が同一円周上かつ A , P , D が一直線上にあるとき．

このとき，

$$\angle APB = 180^\circ - \angle BPD = 180^\circ - \angle BCD = 120^\circ$$

同様にして，$\angle APC = 120^\circ$ も示せる．

通常この場合のみを問題とするのだが，本問は最大角が 120° 以上の三角形 ABC についての設問まで加えているところが目新しい．

ケ についての証明を与えておこう．

問題文に合わせ，三角形 PQR とする．

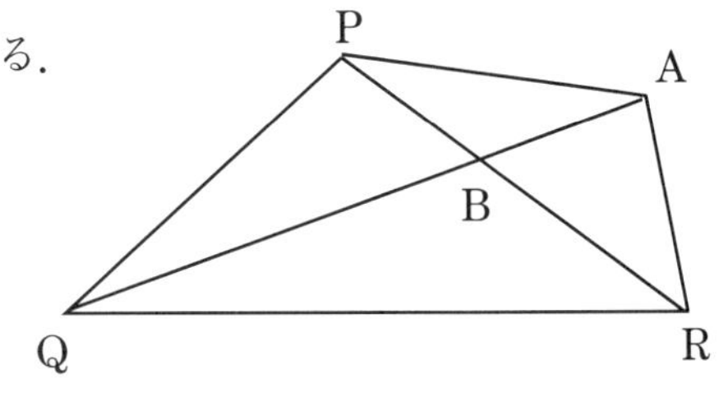

∠QPR が 120° より大きい場合を考える．
図のように三角形 PQR の外部に点 A をとり，線分 AQ と辺 PR の交点を B とする．

$$AP + AR > PR \text{ より}$$
$$AP + AQ + AR > PR + AR$$
$$> PB + RB + QB$$

したがって，三角形 PQR の外部のどの位置に点 A をとっても，その点より各頂点からの距離の和が小さくなる点 B が三角形 PQR の周上にとれることがわかる．
よって，各頂点からの距離の和 PY + QY + RY が最小となる点 Y は，三角形 PQR の周上または内部にある．

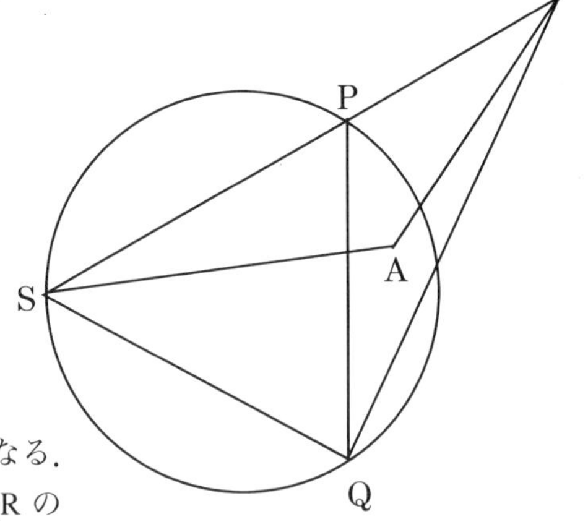

図のように三角形 PQR の周上または内部に点 A をとると，トレミーの不等式より

$$SA \leqq PA + QA$$
$$PA + QA + RA$$
$$\geqq SA + AR \geqq SP + PR$$

2 つの等号が成り立つのは，点 A が点 P に一致するときで，このとき PA + QA + RA は最小になる．
したがって，点 Y は，三角形 PQR の 3 つの辺のうち，最も長い辺を除く 2 つの辺の交点である．

黒岩虎雄

大学入試センター当局の文書「令和３年度大学入学者選抜に係る大学入学共通テスト問題作成方針」の６～７ページの記載を引用しよう．
（強調と下線は引用者による）

> ○　数学的な問題解決の過程を重視する．事象の数量等に着目して数学的な問題を見いだすこと，構想・見通しを立てること，目的に応じて数・式，図，表，グラフなどを活用し，一定の手順に従って数学的に処理すること，及び解決過程を振り返り，得られた結果を意味付けたり，活用したりすることなどを求める．また，問題の作成に当たっては，日常の事象や，数学のよさを実感できる題材，教科書等では扱われていない数学の定理等を既知の知識等を活用しながら導くことのできるような題材等を含めて検討する．
> ○　記述式問題は，「数学Ｉ」及び『数学Ｉ・数学Ａ』の数学Ｉの内容に関わる問題において設定することとし，マーク式問題と混在させた形で数式等を記述する小問３問を作成する．

数魔さんは，上に見た問題の背景としてトレミーの不等式を挙げておられた．その通りだとは思う．トレミーの不等式が，幾何不等式の分野で果たす役割の偉大さにも異論はない．だが，出題者がそういう流れ（トレミーの不等式を使用して解決すること）を想定しているとは思えない．

新テストの問題作成における志向性として上記引用部分に記載のある，

教科書等では扱われていない数学の定理等を
既知の知識等を活用しながら導くことのできるような題材

これがまさに本問なのであり，教科書等では扱われていない数学の定理（ここではトレミーの不等式やフェルマー点の議論）を，既知の知識（対話文中の 問題１ あるいは 定理 のほか三角不等式）を活用しながら導くように設計された出題である．もちろん，現行センター試験と比較して難易度は高く，平均点が芳しくなかったので，今後の検討を経て，難易度は調整されていくことであろう．

3　図形の性質（問題例）

上に見てきた試行調査の問題例は，かなりレベルの高い問題であったが，次の問題は四角形の面積についての不等式で，特に問題1の (ii) の不等式の証明は，面白いと感じてもらえるだろう．

数魔鉄人の出題

ある日，太郎さんと花子さんのクラスでは，数学の授業で先生から次の問題1が宿題として出された．次の問いに答えよ．

問題1

辺の長さが $AB=a$, $BC=b$, $CA=c$, $DA=d$ である四角形 ABCD がある．その面積を S とすると，

（i） $S \leq \dfrac{ab+cd}{2}$

（ii） $S \leq \dfrac{ac+bd}{2}$

（iii） $S \leq \dfrac{a+c}{2} \cdot \dfrac{b+d}{2}$

が成り立つことを証明せよ．

(1) (i) は次のような構想をもとにして証明できる．

図の三角形において $h \leq b$ であるから，

この三角形の面積 S' について $S' \leq \dfrac{1}{2}ab$ である．

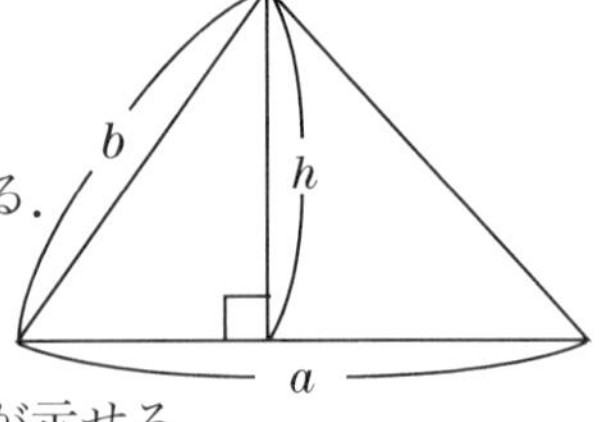

よって，対角線によって四角形 ABCD を 2 つの三角形に分けて考えることにより (i) が示せる．

(i)の不等式で等号が成り立つとき，四角形 ABCD は半径 $R=$ **ア**

の円に **イ** する．

ア，**イ** に当てはまるものを，次の ⓪～⑦から一つ選べ．

⓪ a^2+b^2　① c^2+d^2　② a^2+c^2　③ $\sqrt{a^2+b^2}$

④ $\dfrac{\sqrt{a^2+b^2}}{2}$　⑤ $\dfrac{c^2+d^2}{2}$　⑥ 内接　⑦ 外接

(2) (ii)の不等式を対角線 AC をひいて考えればよいと太郎さんは考えた．太郎さんは点 C と点 A を入れ替えて三角形 ABC をひっくり返しても全体の面積は変わらないことに着目して証明した．

(ii)の不等式で等号が成り立つとき，**ウ** が成り立つ．

ウ に当てはまるものを，次の ⓪～③から一つ選べ．

⓪ $\angle \mathrm{ABC}=90^\circ$

① $\angle \mathrm{BCA}+\angle \mathrm{DAC}=90^\circ$

② $\angle \mathrm{BCD}=90^\circ$

③ $\angle \mathrm{ABC}+\angle \mathrm{ADC}=90^\circ$

(3) (iii)は右辺を展開して，

$$S \leq \frac{1}{4}(ab+ad+bc+cd)$$

$$=\frac{1}{2}\left(\frac{1}{2}ab+\frac{1}{2}ad+\frac{1}{2}bc+\frac{1}{2}cd\right)$$

とすることを花子さんは考えた．この式を

$$2S \leq \frac{ab+cd}{2}+\frac{ad+bc}{2}$$

と変形すれば (i) より成り立つことがわかる．

(iii)の不等式で等号が成り立つとき，**エ** ことが必要である．

エ に当てはまるものを，次の ⓪〜③から一つ選べ．

⓪ 四角形 ABCD はひし形である
① 四角形 ABCD は等脚台形である
② 四角形 ABCD は長方形である
③ 四角形 ABCD は正方形である

(4) 太郎さんと花子さんは 問題1 の理解のもとで，次の 問題2 に取り組むことにした．

> 問題2
> 4辺の長さが 1, 4, 7, 8 である四角形の面積の最大値は
>
> **オカ** で，このときの対角線の長さは $\sqrt{\boxed{\text{キク}}}$ と $\dfrac{\boxed{\text{ケコ}}}{\sqrt{\boxed{\text{キク}}}}$
>
> である．

解 答 例

ア ＝④，**イ** ＝⑥

(i) $S \leq \dfrac{ab+cd}{2}$ で等号が成立するとき，∠ABC と∠CDA が直角になり，四角形 ABCD はAC を直径とする円に内接する．

ウ ＝①

点 C と点 A を入れ替えて三角形 ABC をひっくり返したとき，点 A と点 C の位置が入れ替わる．(ii) $S \leq \dfrac{ac+bd}{2}$ で等号が成立するとき，

$\angle BCA + \angle DAC = 90^\circ$ となる．

エ ＝ ②

(iii) $S \leq \dfrac{a+c}{2} \cdot \dfrac{b+d}{2}$ すなわち $2S \leq \dfrac{ab+cd}{2} + \dfrac{ad+bc}{2}$ で等号が成立するとき，四角形 ABCD の 4 つの角すべてが直角になる．

オカ $=18$，$\sqrt{\boxed{\text{キク}}} = \sqrt{65}$，$\dfrac{\boxed{\text{ケコ}}}{\sqrt{\boxed{\text{キク}}}} = \dfrac{60}{\sqrt{65}}$

(4) 下の左図のように，長さ 1 の辺と長さ 8 の辺がとなりあう場合のみを考えればよい．そうでない場合（たとえば下の右図）であっても，問題 1 (ii) の考え方により，A ,C を入れ替えて△ABC をひっくり返しても四角形の面積は変わらないから，長さ 1 の辺と長さ 8 の辺がとなりあう場合のみを考えても一般性を失わないのである．

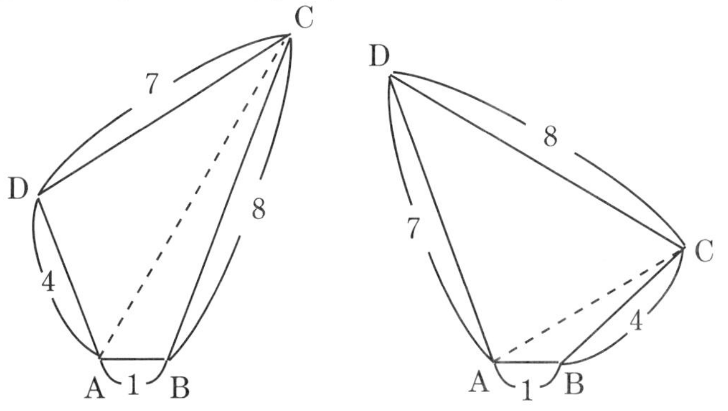

$a=1, b=8, c=7, d=4$ と並べる．四角形の面積 S は問題 1 (i)より

$$S \leq \frac{ab+cd}{2} = 18$$

をみたす．等号成立条件は，$\angle B = \angle D = 90^\circ$ であるが，

$$1^2 + 8^2 = 4^2 + 7^2 = 65$$

によりこれは実現可能である．よって最大値は，$S=18$ となる．

このとき対角線の一方の長さは $\mathrm{AC} = \sqrt{65}$ で，もう一方の対角線は，円に内接する四角形におけるトレミーの定理から，

$$1 \cdot 7 + 4 \cdot 8 = \mathrm{BD} \cdot \sqrt{65}$$

よって，$\mathrm{BD} = \dfrac{39}{\sqrt{65}}$

数魔鉄人

問題1(ⅱ)の不等式の証明は，四角形の対角線に着目することにより，三角形をひっくり返しても全体の面積が変わらないという点が重要であり，この考え方を用いて(4)を解くことができる．

(ⅰ)〜(ⅲ)の不等式の結果を用いて数値を代入するだけでは，完全な解答ではない．つねに考える習慣をつけさせるような指導をお願いしたい．

黒岩虎雄

(4)ではたとえば $a=1, b=4, c=8, d=7$ と並べて問題1(ⅰ)の不等式を適用すると，$S \leq \dfrac{ab+cd}{2}=30$ となるが，実際には等号が成立することはなく，$S=30$ は実現しない（2017年プレテストの数学Ⅱ・Bにも，不等式の等号不成立について考えさせる出題があった）．

最後に細かい話となるが，$\mathrm{AC}=\sqrt{65}$ が出たあとに，トレミーの定理を使用してもう一方の対角線BDの長さを求めるくだりは，少々気にかかる．これが授業内の《演習問題》であれば現状のままでも構わないが，仮にこれが《試験問題》であるとすれば無理があり，誘導をつける必要があると思う．本稿では冒頭にトレミーの定理について言及したうえでの記事中の例題であるから，そのような懸念にはあたらない．

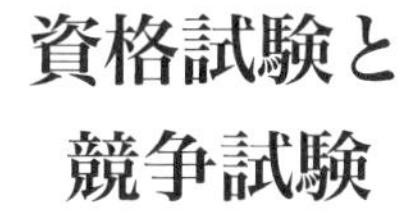

資格試験と競争試験

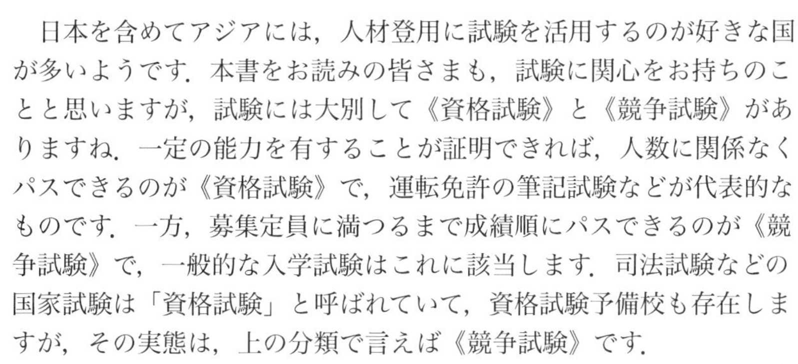

日本を含めてアジアには，人材登用に試験を活用するのが好きな国が多いようです．本書をお読みの皆さまも，試験に関心をお持ちのことと思いますが，試験には大別して《資格試験》と《競争試験》がありますね．一定の能力を有することが証明できれば，人数に関係なくパスできるのが《資格試験》で，運転免許の筆記試験などが代表的なものです．一方，募集定員に満つるまで成績順にパスできるのが《競争試験》で，一般的な入学試験はこれに該当します．司法試験などの国家試験は「資格試験」と呼ばれていて，資格試験予備校も存在しますが，その実態は，上の分類で言えば《競争試験》です．

さて，大学入学共通テストは，いったいどちらなのでしょう．歴史をたどってみると，かつての「大学共通第1次学力試験」が1979年から1989年までの11年間にわたり行われました．この試験を利用していた大学は，当時のすべての国公立大学と産業医科大学のみであり，試験の内容はこれらの大学に出願するに足りる基礎学力を備えているかどうかを判定する《資格試験》でした．実際の選抜（合否判定）は，各大学が実施する個別試験に委ねられていたのです．

これを引き継いだ大学入試センター試験は，1990年から2020年までの31年間にわたり行われましたが，私立大学も試験成績を利用できるようになり，センター試験の成績により直接に合否判定を行う大学も出現したことから《競争試験》の色彩が入るようになりました．一方で，センター試験の結果の利用方法をいわゆる「足切り」の近傍に限定する《資格試験》型の利用をする大学もあるため，センター試験は一つの試験で《資格試験》としての性能と，《競争試験》としての性能を併せ持つことが要求されるようになりました．普通の人は，こうしたことの意味を考える機会はあまりないのだと思いますが，試験を見つめてきた私の立場から見ると，出題から実施を経て成績提供に至るまで，苦労と努力を積み上げてきた様子を，さまざまに感じることができます．このような観点で来る大学入学共通テストを眺めると，また異なる見え方が待っていることでしょう．（黒岩虎雄）

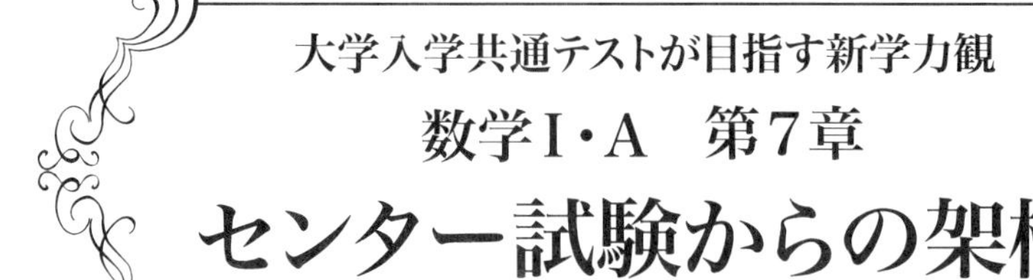

大学入学共通テストが目指す新学力観
数学I・A　第7章
センター試験からの架橋

1　新学力観を巡る現場の状況

黒岩虎雄

本年（2020年）1月18～19日に「最後の」大学入試センター試験が行われた．来年からの大学入学共通テストを控えて，数学・国語での記述式問題の導入や英語での民間試験の活用が予定されていたが，2019年11月から12月にかけて，それらが次々と「延期」とされることが大々的に報道された．受験まであと1年あまりという現時点での高校2年生を抱える高等学校の現場は混乱もあったようだが，「記述式」「民間試験」のいずれについても問題点が指摘されていただけに，元の鞘に収まった感がある．

今回は「最後の」センター試験の中に，その萌芽とみられる興味深い出題があったので，注意を喚起しておきたい．

数魔鉄人

最後のセンター試験であるが，各教科とも基本的には今までのセンター試験を踏襲しつつ一部に来年度からの共通テストを意識した内容を出題したといったところであろうか．2020年1月29日に大学入学共通テスト問題作成方針と出題教科科目の出題方法等が発表されたが，数学1Aの試験時間が70分に決定されたようだ．記述式導入が見送られたため60分に戻るのではないかとの観測もあったが，思考力，判断力，表現力を問う問題を出題するという基本方針に変化がない以上 70 分が妥当であろう．

さて，今回の数学ＩＡについては，はっきり共通テストを意識した出題であるといってもよいのではないか．数学ＩＡの平均点が前年度からかなり下がっていることもその現れであろう．特に第２問のデータの分析の問題は計算が全くなく，データの読解と定義の理解が中心であった．といっても，(1)では定義を丸暗記しているだけでは対応できないようになっている．また，選択問題の確率では単なる事務処理能力を問うだけの設問ではないことがよくわかる．普段から得られた結果を意味付けたり，またそれを応用できないかを考えたりする学習がこれから要求されるのだろう．

2　判断力を問う事例（確率）

黒岩虎雄

「思考力・判断力・表現力」が時代のキーワードになっている．確率分野は数学Ａの選択問題という位置づけである．例年は 20 点分の大問が出題されていた．点数と時間が比例すると想定すると，制限時間は 12 分ということになる．本年は，確率（ 20 点）が［１］（４点）と［２］（16 点）に分割されたが，これは現在のような選択形式（コア・オプション・カリキュラム）になった 1997 年以降では，初めてのことである．ここに該当の問題を掲載するが，4 点を獲得するためには，それなりの時間（労力）を要するのではないか．

問　題

次の ア ， イ に当てはまるものを，下の ⓪～③ のうちから一つずつ選べ．ただし，解答の順序は問わない．

正しい記述は， ア と イ である．

⓪ 1枚のコインを投げる試行を5回繰り返すとき，少なくとも1回は表が出る確率を p とすると，$p>0.95$ である．

① 袋の中に赤球と白球が合わせて8個入っている．球を1個取り出し，色を調べてから袋に戻す試行を行う．この試行を5回繰り返したところ赤球が3回出た．したがって，1回の試行で赤球が出る確率は $\dfrac{3}{5}$ である．

② 箱の中に「い」と書かれたカードが1枚，「ろ」と書かれたカードが2枚，「は」と書かれたカードが2枚の合計5枚のカードが入っている．同時に2枚のカードを取り出すとき，書かれた文字が異なる確率は $\dfrac{4}{5}$ である．

③ コインの面を見て「オモテ(表)」または「ウラ(裏)」とだけ発言するロボットが2体ある．ただし，どちらのロボットも出た面に対して正しく発言する確率が0.9，正しく発言しない確率が0.1であり，これら2体は互いに影響されることなく発言するものとする．いま，ある人が1枚のコインを投げる．出た面を見た2体が，ともに「オモテ」と発言したときに，実際に表が出ている確率を p とすると，$p\leq 0.9$ である．

（2020センター試験・数学ⅠA）

解答例

ア ＝⓪，**イ** ＝②

⓪：正しい

余事象（5回とも裏が出る）を考えて，$p=1-\left(\dfrac{1}{2}\right)^5=1-\dfrac{1}{32}$

これは $0.95=1-\dfrac{1}{20}$ より大きい．

①：誤り

5回の独立試行の結果として赤球が出た回数は（二項分布にしたがう）

確率変数であり，これを観測しても１回の試行で赤球が出る確率は算出できない．

②：正しい

余事象（同じ文字がでる）の確率は $\dfrac{{}_2C_2+{}_2C_2}{{}_5C_2}=\dfrac{1}{5}$ なので，
求める確率は $\dfrac{4}{5}$ である．

③：誤り

２体がともに「オモテ」と発言するのは，実際に表が出ていて２体とも正しく発言する場合（確率は $\dfrac{1}{2}\times\dfrac{9}{10}\times\dfrac{9}{10}$ ）と，実際には裏が出ていて２体とも正しく発言しない場合（確率は $\dfrac{1}{2}\times\dfrac{1}{10}\times\dfrac{1}{10}$ ）がある．

よって，求める条件付き確率は

$$p=\frac{\frac{1}{2}\times\frac{9}{10}\times\frac{9}{10}}{\frac{1}{2}\times\frac{9}{10}\times\frac{9}{10}+\frac{1}{2}\times\frac{1}{10}\times\frac{1}{10}}=\frac{81}{81+1}=\frac{81}{82}\ (>0.9)$$

数魔鉄人

この問題は正しい記述は⓪と②であるため⓪と②を計算して確かめればよいのだが，その前に①が間違っていることにすぐに気が付けるかどうかがポイントになる．「単なる事務処理能力を問うだけではない」と言ったのは，①のような明らかなおかしな文章を瞬時に排除できるかどうか，また，⓪と③の確率が１に近いことを直感的に把握できるかどうか．普段から考える習慣をつけているか否かで大きく差がつく問題であるような気がする．

3　定性的な問題の事例（データの分析）

黒岩虎雄

過去2回の試行調査（プレテスト）を観察すると，従来の大学入試センター試験が計算力に偏る《定量的》な問題であったこととの比較として，共通テストでは計算量を削減する代わりに《定性的》な出題に力点が動きつつあるのだろうと予想される．その流れに乗っているとみられる問題例が，従来型センター試験の中でも「データの分析」の分野に存在する．

問　題

次の コ ， サ に当てはまるものを，下の ⓪〜⑤ のうちから一つずつ選べ．ただし，解答の順序は問わない．

99個の観測値からなるデータがある．四分位数について述べた記述で，どのようなデータでも成り立つものは コ と サ である．

⓪ 平均値は第1四分位数と第3四分位数の間にある．
① 四分位範囲は標準偏差より大きい．
② 中央値より小さい観測値の個数は49個である．
③ 最大値に等しい観測値を1個削除しても第1四分位数は変わらない．
④ 第1四分位数より小さい観測値と，第3四分位数より大きい観測値とをすべて削除すると，残りの観測値の個数は51個である．
⑤ 第1四分位数より小さい観測値と，第3四分位数より大きい観測値とをすべて削除すると，残りの観測値からなるデータの範囲はもとのデータの四分位範囲に等しい．

（2020センター試験・数学ⅠA）

解答例

コ ＝③，**サ** ＝⑤

⓪：誤り

中央値であれば第1四分位数と第3四分位数の間にあるといえる．しかし平均値の場合は，極端な外れ値の存在によって平均値が四分位範囲の外にはみ出すことは起こり得る．

①：誤り

(四分位範囲)<(標準偏差) となる例は作れる．四分位範囲に収まらないデータの中に，極端な外れ値が含まれていれば，標準偏差を大きくできる．

②：誤り

99個のデータがすべて異なる値であると仮定すると，第1四分位数は下位データ49個の中央値である．この仮定を外して，中央値に等しいデータが複数存在するようなデータを考えると，下位データの個数が49個より少なくなるので，第1四分位数がもっと小さな値になることがあり得る．

③：正しい

最大値に等しい観測値を1個削除することでデータの個数が98個に減っても，下位データの個数には変化がないので，第1四分位数は変わらない．

④：誤り

99個のデータがすべて異なる値であると仮定すると，第1四分位数より小さい観測値と，第3四分位数より大きい観測値はそれぞれ24個ずつあるので，これらを除外した残りの観測値の個数は51個である．この仮定を外して，第1四分位数あるいは第3四分位数に等しいデータが複数存在するようなデータを考えると，除外した残りの観測値の個数が51個より多くなることがあり得る．

⑤：正しい

四分位範囲の定義と合致している．

数魔鉄人

(1)は四分位数についての定義の理解とともに，その意味を十分に理解しているかを問う問題である．このような問題では極端な例を考えてみるのがよく，例えば 99 個のデータについて

⓪と①では；0 が 98 個，100 が 1 個

②と④では；99 個のデータすべて 0

とすれば，⓪，①，②，④は成り立たないことがわかるので，③と⑤が正解とわかる．

式に頼りすぎたり，すぐに公式に当てはめて計算したりとかは通用しない．やはり，本質的な理解が要求されていると考えるべきだろう．

黒岩虎雄

次の問題は 2020 年センター試験数学Ⅰから引用する．「数学Ⅰ・数学A」と「数学Ⅰ」の出題には若干の差があるのだが，その差分にあたる問題である．

問　題

0 または正の値だけとるデータの散らばりの大きさを比較するために

$$\text{変動係数} = \frac{\text{標準偏差}}{\text{平均値}}$$

で定義される「変動係数」を用いる．ただし，平均値は正の値とする．

昭和 25 年と平成 27 年の国勢調査の女の年齢データから表 1 を得た．

表１　平均値，標準偏差および変動係数

	人　数(人)	平均値(歳)	標準偏差(歳)	変動係数
昭和 25 年	42,385,487	27.2	20.1	V
平成 27 年	63,403,994	48.1	24.5	0.509

次の **カ** に当てはまるものを，下の ⓪～②のうちから一つ選べ．

昭和25年の変動係数 V と平成27年の変動係数との大小関係は **カ** である．

⓪　$V<0.509$　　①　$V=0.509$　　②　$V>0.509$

次の **キ** ， **ク** に当てはまる最も適切なものを，下の ⓪〜③のうちから一つずつ選べ．ただし，同じものを繰り返し選んでもよい．

・平成27年の年齢データの値すべてを100倍する．このとき，変動係数は **キ** ．

・平成27年の年齢データの値すべてに100を加える．このとき，変動係数は **ク** ．

⓪　小さくなる　　①　変わらない
②　10倍になる　　③　100倍になる

（2020 センター試験・数学Ⅰ）

解答例

カ ＝②， **キ** ＝①， **ク** ＝⓪

$V=\dfrac{20.1}{27.2}=0.739$ ，　$\dfrac{24.5}{48.1}=0.509$ なので，$V>0.509$

データの値すべてを100倍すると，$\left(\dfrac{\text{標準偏差}}{\text{平均値}}\right)$ の分母・分子ともに100倍になるので，変動係数は変わらない．

データの値すべてに100を加えると，$\left(\dfrac{\text{標準偏差}}{\text{平均値}}\right)$ の分母が増加し，分子は変化しないので，変動係数は小さくなる．

数魔鉄人

数学Iについては，簡単な計算問題を付け加えており，大問1題分の分量としては適切になっている．ただ，数学Iの範囲では定義に戻って計算することになるので，こちらの想定ほど簡単とはいえないかもしれない．ということは十分に差のつく問題になっているのだろう．このような定義にあてはめて実際に計算を積み重ねて，その結果を公式として使えば定着度は格段にアップするだろう．

黒岩虎雄

本問は，計算をする カ が定量的で，計算不要な キ ， ク が定性的な問題となっている．教科書に掲載されていない量（変動係数）を定義した上で問いかけているので，暗記して答える者を少しでも排除できる可能性が広がっている．

次の問題は2019年センター試験のものだが， ニ が秀逸である．

問　題

(3)　一般に n 個の数値 $x_1, x_2, \cdots, x_n$ からなるデータ X の平均値を $\overline{x}$ ，分散を s^2 ，標準偏差を s とする．各 x_i に対して

$$x_i' = \frac{x_i - \overline{x}}{s} \ (i = 1,\ 2,\ \cdots,\ n)$$

と変換した $x_1', x_2', \cdots, x_n'$ をデータ X' とする．ただし，$n \geqq 2$, $s > 0$ とする．

次の テ ， ト ， ナ に当てはまるものを，下の ⓪～⑧のうちから一つずつ選べ．ただし，同じものを繰り返し選んでもよい．

・X の偏差 $x_1 - \overline{x}$, $x_2 - \overline{x}$, $\cdots$, $x_n - \overline{x}$ の平均値は テ である．

・X' の平均値は ト である．

・X' の標準偏差は ナ である．

⓪ 0　① 1　② -1　③ $\overline{x}$　④ s

⑤ $\frac{1}{s}$　⑥ s^2　⑦ $\frac{1}{s^2}$　⑧ $\frac{x}{s}$

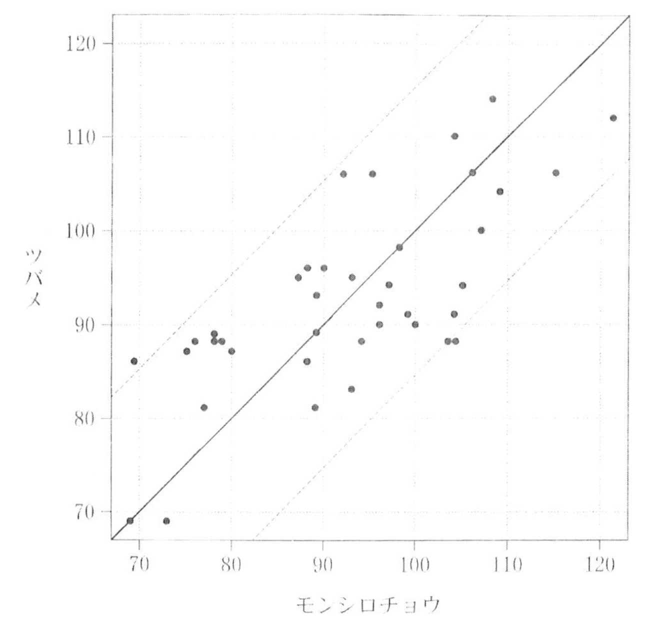

図４　モンシロチョウとツバメの初見日(2017年)の散布図

(出典：図３，図４は気象庁「生物季節観測データ」Webページにより作成)

図４で示されたモンシロチョウの初見日のデータ M とツバメの初見日のデータ T について上の変換を行ったデータをそれぞれ M' ,T' とする．

次の ［ニ］ に当てはまるものを，図５の ⓪〜③ のうちから一つ選べ．

変換後のモンシロチョウの初見日のデータM'と変換後のツバメの初見日のデータ T' の散布図は，M' と T' の標準偏差の値を考慮すると ［ニ］ である．

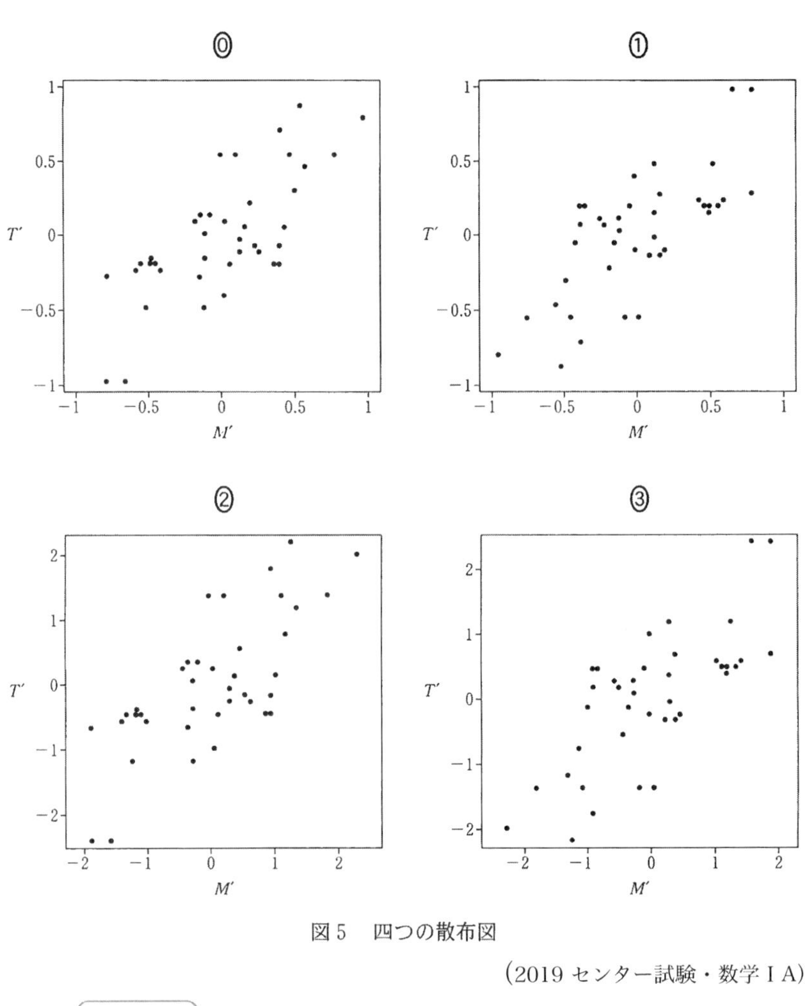

図5　四つの散布図

（2019 センター試験・数学ＩＡ）

解 答 例

テ ＝⓪，ト ＝⓪，ナ ＝①，ニ ＝②

(3)　偏差 $x_i - \overline{x}\ (1 \leq i \leq n)$ の平均は　0　　…〈1〉

$X' = \dfrac{x_i - \overline{x}}{s}\ (1 \leq i \leq n)$ の平均は　0　　…〈2〉

X' の標準偏差は　1　　…〈3〉

M と T を M' と T' に変換しても，散布図の形状は変わらない（相関係数も変わらない）ので，①，③は不適．（T' の最大値に注意）

標準偏差が1であることから，$-1 \leq M' \leq 1$, $-1 \leq T' \leq 1$ となっている ⓪，①は不適．よって，適切なものは②である．

（証明）〈1〉 $\dfrac{1}{n}\sum_{i=1}^{n}\left(x_i - \overline{x}\right) = \dfrac{1}{n}\sum_{i=1}^{n}x_i - \dfrac{1}{n}\cdot n\overline{x} = \overline{x} - \overline{x} = 0$

〈2〉 $\dfrac{1}{n}\sum_{i=1}^{n}\dfrac{x_i - \overline{x}}{s} = \dfrac{1}{s}\cdot\dfrac{1}{n}\sum_{i=1}^{n}\left(x_i - \overline{x}\right) = \dfrac{1}{s}\cdot 0 = 0$

〈3〉 X' の分散は $\dfrac{1}{n}\sum_{i=1}^{n}\left(\dfrac{x_i - \overline{x}}{s} - 0\right)^2 = \dfrac{1}{s^2}\cdot\dfrac{1}{n}\sum_{i=1}^{n}\left(x_i - \overline{x}\right)^2 = \dfrac{1}{s^2}\cdot s^2 = 1$

X' の標準偏差は　$\sqrt{1} = 1$

平均0，標準偏差 s のとき，すべてのデータが $-s < x_i < s$ を満たすと仮定すると，$s^2 = \dfrac{1}{n}\sum_{i=1}^{n}\left(x_i - 0\right)^2 = \dfrac{1}{n}\sum_{i=1}^{n}x_i^2 < \dfrac{1}{n}\cdot ns^2 = s^2$ となって矛盾．

数魔鉄人

この問題についてはよく覚えている．実際に解いてみてどのように説明すればよいのか困ったからである．この変換によって，M' と T' の対称性（関係性）が元の状態から担保される理由をきちんと説明する必要があるからである．

$x_i' = \dfrac{x_i - \overline{x}}{s}$ という変換はデータの値を $\overline{x}$ だけ平行移動し，原点中心に $\dfrac{1}{s}$ 倍に相似拡大したものである．

本来はこのことをきちんと理解したうえで解答しなければいけない．その意味でレベルの高い問題である．

黒岩虎雄

最後の設問 二 は，理解の深い受験生であれば，《計算なしに秒殺》できてしまう．というよりも，そもそも計算しようと思ってもできない．

問題に「M' と T' の標準偏差の値を考慮すると」という特別な注記がある．「標準偏差とは何か」について，単に定義を覚えているだけでは解けない．そのように定義された「標準偏差という量がもつ意味」を理解しているかどうかが問われている．

2回にわたる試行調査（プレテスト）と合わせてみれば，上に見たような問題たちが，新たな大学入学共通テストの方向性の羅針盤となっている可能性が高いと思われる．日々の授業や指導をどのようにすべきなのか．少なくとも言えることは，「単に解き方を覚えるだけの学習は意味をなさない」ということであろう．

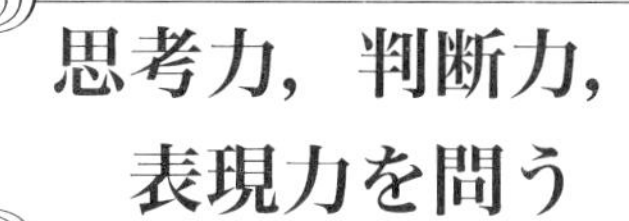

思考力，判断力，表現力を問う

2019 年 12 月 17 日の記述式問題見送り決定から約 1 か月後の令和 2 年 1 月 29 日に「令和 3 年度大学入学者選抜に係る大学入試共通テスト問題作成方針」（大学入試センター）が発表された．ここには，次のようにある．

○　高等学校教育の成果として身に付けた，大学教育の基礎力となる知識，技能や思考力，判断力，表現力を問う問題作成

平成 21 年度告示高等学校学習指導要領において育成することを目指す資質，能力を踏まえ，知識の理解の質を問う問題や，思考力，判断力，表現力を発揮して解くことが求められる問題を重視する．

また，問題作成のねらいとして問いたい力が，高等学校教育の指導のねらいとする力や大学教育の入口段階で共通に求められる力を踏まえたものとなるよう，出題教科，科目において問いたい思考力，判断力，表現力を明確にした上で問題を作成する．

この文言は以前の記述式問題を出題するとしたときの問題作成方針と何も変わっていない．思考力，判断力，表現力がこの短い文章の中で 3 回も繰り返し用いられている．いかに，この 3 つの力にこだわっているのかが分かるだろう．

ここでは表現力について一言申し上げたい．記述式がなくなるから表現力が量れないという意見もあるようだが，数学における表現力とは何かと考えてみると，そもそも数学は日常の事象も含めてさまざまな事象を数式を使って表現して解析する科目である．数式を用いて解決すること，それこそが数学における表現力といってよいのではないだろうか．私は数学の問題を解くという作業の中に思考力，判断力，表現力がすべて含まれていると考えてよいのではないかと思うが，いかがであろうか．

（数魔鉄人）

大学入学共通テストが目指す新学力観
数学I・A　第8章
記述式試験について

1　新学力観を巡る現場の状況

黒岩虎雄

大学入学共通テストの導入にあたり，当初は国語と数学に「記述式試験」を導入することとされていた．文部科学省ウェブサイト注1「大学入学共通テストについて」には，次のような記載がある．

> 2．なぜ記述式試験を導入するの？
> 記述式問題の導入により，解答を選択肢の中から選ぶだけではなく，自らの力で考えをまとめたり，相手が理解できるよう根拠に基づいて論述したりする思考力・判断力・表現力を評価することができます．
> また，共通テストに記述式問題を導入することにより，高等学校に対し，「主体的・対話的で深い学び」に向けた授業改善を促していく大きなメッセージとなります．大学においても，思考力・判断力・表現力を前提とした質の高い教育が期待されます．
> 併せて，各大学の個別選抜において，それぞれの大学の特色に応じた記述式問題を課すことにより，一層高い効果が期待されます．

記述式試験を導入するメリットとして，①高等学校に授業改善を促すメッセージ，②大学における質の高い教育，を挙げている．しかし，過去

注1 https://www.mext.go.jp/a_menu/koutou/koudai/detail/1397733.htm

2回の試行調査（プレテスト）に出題された記述式の問題（合計6問）を見る限り，この程度の出題内容で上記①，②の効果を期待するのは，困難ではなかろうか.

数魔鉄人

結論から言えば無理である．この程度の出題内容で高等学校の授業を改善するだの大学における質の高い教育を促すなどおこがましい.

そもそも個別試験を認めているのだから，共通テストに記述式を導入する意義に関してかなり無理があることは業界関係者は皆わかっていたことである．では，何故もっと早い段階で問題にしなかったのか突っ込まれそうだが，それぞれの思惑があるのでその流れに乗って上手く続けることを最優先してきたということだろう．ただ，受験生の立場に立って考えると，もう少しまともな議論をしてもらいたかったと思っているのは私だけではないだろう.

黒岩虎雄

ところで，共通テストでの記述式試験の実施については，問題の質の議論に入る前に，さまざまな疑念や懸念が国会等において指摘された結果，2019年12月17日に萩生田光一文部科学大臣が2020年度開始の大学入学共通テストで導入予定だった国語と数学の記述式問題について，同年度の実施（2021年1月試験）を見送ると正式に表明した．今後，共通テストに記述式を導入するかについて「期限を区切った延期ではない．まっさらな状態で対応したい」と説明した．導入断念も含めて再検討する方針だということである.

実施見送りになった背景として，主に①採点精度の確保が困難，②自己採点が困難，③費用対効果に疑問，という点が挙げられていた．詳論すれば，①は受験者50万人規模で採点の納期は20日程度という点がそもそも実現可能なのかという問題．さらに，採点を民間委託する方針で，ベネッセのグループ企業が採点を受注するも，1万人体制といわれる採点者の質を確保できるのかという問題が生じる．②は，特に国語において正答例を見て自己採点をするにも読解力が必要であることから，正確な自己採点が困難となり，出願先の判断に支障が出る虞れがあると指摘された．③は，採点のしやすさを確保するために記述の自由度が低いものになっている．実際，数学においても，2017 年試行調査にみられた文章記述は 2018 年試行調査では見送られている．これでは，膨大な手間，多額のコストとリスクを賭けてまで記述式試験を行うメリットがないのではないかと，費用対効果の観点からの疑問が出されていた．

数魔鉄人

共通テストを試行するのにあたり，一番心配していたのが採点業務のところであり，国語は早い段階から不可能であると考えていた．

数学だけは何とかなるのではないかと多少の期待はあったが，試行テストを分析した結果数学でも無理だということが確信に変わった．

これについては具体的に記述式試験の中身のところで指摘するが，いずれにしても 50 万人も受ける試験で記述式導入は現実的でないことは動かせない事実である．ただ，共通テストの目指すところは共感できるところが多く，たとえマーク式試験であっても思考力，判断力，表現力を重視した作問は可能であると思うので，今後はマーク形式の枠内で出題方法を検討していただければと思う．

黒岩虎雄

記述式試験の実施に伴う懸念は，上述の①〜③だけではない．採点の民間委託に関して，仮に大学入試センターと採点事業者の間で秘密保持義務（損害賠償規定を含む）を締結したにしても，1 万人規模の採点者が守秘を全うするのは困難と思われること．採点業務を受託したことを利用した宣伝行為がすでに観測されていること．こうした点から大いなる社会的疑念が湧き出していた．

2019 年 12 月 17 日「萩生田文部科学大臣の閣議後記者会見における冒頭発言」[注2] において，文科省としての見解が明らかにされた．

注2 https://www.mext.go.jp/content/20191217-mxt_kouhou01-000003280_2.pdf

・採点体制について，採点事業者として必要な数の質の高い採点者の確保ができる見通しは立っていることは認められるものの，実際の採点者については，来年秋以降に行われる試験等による選抜，研修の過程を経て確定するため，現時点では，実際の採点体制を明示することができません．

・採点の精度については，様々な工夫を行うことにより，試行調査の段階から更なる改善を図ることはできると考えておりますが，採点ミスをゼロにすることまでは期待できず，こうした状況のもとで，試験の円滑かつ適正な実施には限界があると考えております．

・自己採点については，様々な取組を行うことにより，一定の改善を図ることができることは確認しましたが，採点結果との不一致を格段に改善することまでは難しく，現状では，受験生が出願する大学を選択するに当たって支障になるとの課題を解決するにはなお不十分だと考えております．

これまでに各方面から指摘されてきた懸念を払拭できないことを，公に認めたのである．

数魔鉄人

採点業務に関してさらに付け加えると，民間業者に委託するという発表を受けて完全にこれは駄目だと考えたことを思い出す．しかも学生アルバイトで対応するとなると，もう呆れてものが言えない．常識で考えてわかりそうなものだが，ふざけているのか何も考えていないのか本当に情けない．また，マーク式で 2 つ選べ，すべて選べなどの複数の選択肢を解答する問題も技術的に出題不可能であることが同時期に発表された．よくこれで記述式試験を導入などということが言えたものだと，ある意味感心したことを昨日のことのように思い出す．

2　記述式試験の中身（2017年試行調査）

黒岩虎雄

上に述べたような懸念から，大学入学共通テスト初年度については記述式試験の実施は見送られることになった．文部科学大臣の発言「期限を区切った延期ではない．まっさらな状態で対応したい」は，延期・中止のいずれとも読解できる．将来において記述式試験の実施が復活する可能性がゼロではないことから，過去2回の試行調査（プレテスト）において出題された記述式試験問題について検証しておくことにも意味があるだろう．

試行調査2017より

数学の授業で，2次関数 $y=ax^2+bx+c$ についてコンピュータのグラフ表示ソフトを用いて考察している．

（中略）

(4) 最初の a,b,c の値を変更して，下の図2のようなグラフを表示させた．このとき，a,c の値をこのまま変えずに，b の値だけを変化させても，頂点は第1象限および第2象限には移動しなかった．

その理由を，頂点の y 座標についての不等式を用いて説明せよ．解答は，解答欄 **(あ)** に記述せよ．

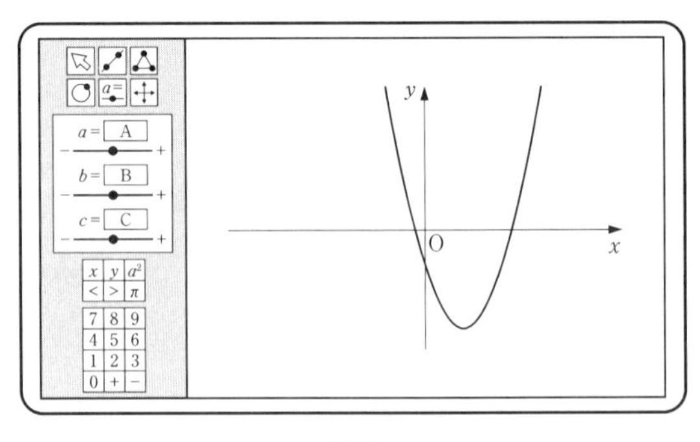

図2

解 答 例

大学入試センター公表の《正答の条件》では，次の (a), (b) の両方について正しく記述していることとしている．

(a)　頂点の y 座標 $-\dfrac{b^2-4ac}{4a}<0$ であること．

(b)　(a) の根拠として $a>0$ かつ $c<0$ であること．

また，注意書きとして，

※　頂点の y 座標に関する不等式を使っていないものは不可とする．

とある．

黒岩虎雄

記述の内容は 2 次関数の頂点の y 座標についての話であって，検定教科書の守備範囲に完全に収まっている．しかし，解答のバリエーションは広いとかんがえられるので，数十万通の答案にわたり，精密な採点を貫徹することは困難であろう．

数魔鉄人

記述式の解答の配点は 5 点となっており部分点を配点することはない．この部分点を配点できないというのも問題で，通常の記述試験であれば，前後の説明，記述から受験生の理解度が分かるので適切に採点することができるが，0 点か満点かのどちらかということになると，その境界がどこになるのかの線引きが難しく，本問も実際に採点するとなるとかなりやっかいである．

試行調査2017より

ある日，太郎さんと花子さんのクラスでは，数学の授業で先生から次のような宿題が出された．

宿題　△ABC において $A=60^\circ$ であるとする．このとき，

$$X=4\cos^2 B+4\sin^2 C-4\sqrt{3}\cos B\sin C$$

の値について調べなさい．

放課後，太郎さんと花子さんは出された宿題について会話をした．二人の会話を読んで，下の問いに答えよ．

(中略)

(6)　下線部(c)について，B が鈍角のときには下線部①～③の式のうち修正が必要なものがある．修正が必要な番号についてのみ，修正した式をそれぞれ答えよ．解答は，解答欄 **(い)** に記述せよ．

解答例

大学入試センター公表の《正答の条件》では，②，③の両方について，次のように正しく記述していることとしている．

②について，$\mathrm{BC}\cos(180^\circ - B)$ またはそれと同値な式．

③について，$\mathrm{AH}-\mathrm{BH}$ またはそれと同値な式．

黒岩虎雄

(中略) 部分には，太郎と花子の対話の中で $X=1$ という仮説がたち，これを B が鋭角の場合と B が直角の場合について証明するくだりが記載されている．

日々の授業の中で，場合分けを含む証明などについて，受動的ではなく能動的に考えさせる営みが必要である，といったような高校現場に対するメッセージ性は感じられる．

しかし，この記述式問題は小問 (6) に配当されていることからも分かるように，大問の終盤で問われても，それ以前のところで時間切れとなってしまう受験生がたくさんいることだろう．せっかくの問いかけも，時間切れで答えてもらえない，という事態が予想される．

数魔鉄人

三角比と命題と論証を組み合わせた新しいタイプの問題であり，その点は評価できる．また，採点基準を考えるうえでは比較的わかりやすいので短答式記述のモデル問題としてはこれで良いのだろう．しかし，黒岩氏の指摘通り問題文が長すぎるので，もう少し試験時間を考慮した形に整えないと試験として機能しないだろう．

試行調査2017より

地方の経済活性化のため，太郎さんと花子さんは観光客の消費に着目し，その拡大に向けて基礎的な情報を整理することにした．以下は，都道府県別の統計データを集め，分析しているときの二人の会話である．会話を読んで 下の問いに答えよ．ただし，東京都，大阪府，福井県の3都府県のデータは 含まれていない．また，以後の問題文では「道府県」を単に「県」として表記する．

太郎：各県を訪れた観光客数を x 軸，消費総額を y 軸にとり，散布図をつくると図1のようになったよ．
花子：消費総額を観光客数で割った消費額単価が最も高いのはどこかな．
太郎：元のデータを使って県ごとに割り算をすれば分かるよ．北海道は……．44回も計算するのは大変だし，間違えそうだな．
花子：図1を使えばすぐ分かるよ．

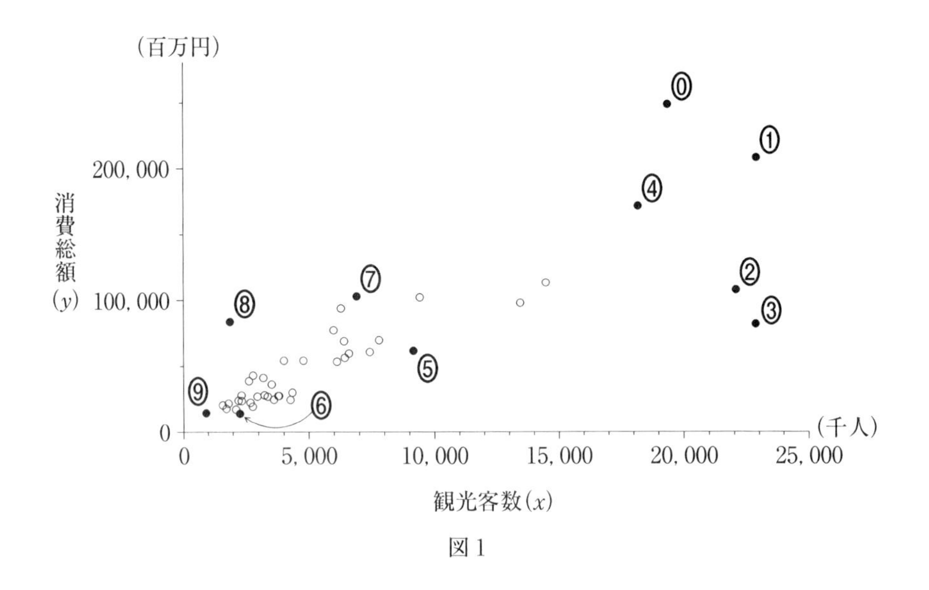

図1

(2)　44県それぞれの消費額単価を計算しなくても，図1の散布図から消費額単価が最も高い県を表す点を特定することができる．その方法を，「直線」という単語を用いて説明せよ．解答は，解答欄 **(う)** に記述せよ．

(3) 消費額単価が最も高い県を表す点を，図1の ⓪〜⑨ のうちから一つ選べ． **ス**

解答例

大学入試センター公表の《正答の条件》では，「直線」という単語を用いて，次の (a), (b) の両方について正しく記述していることとしている．

(a)　用いる直線が各県を表す点と原点を通ること．

(b)　(a) の直線の傾きが最も大きい点を選ぶこと．

また，注意書きとして，

※「傾きが急」のように，数学の表現として正確でない記述は不可とする．

とある．

黒岩虎雄

「消費額単価」という概念の理解と，それが散布図においてどのように現れるのかという資料読解の技術とを結びつける問題である．直後の ス で結論を問うているので， ス が出来ていれば (う) も出来ているというのが，旧センター試験での運用であろう．それをあえて記述させるのは，マークのみのヤマ勘によるまぐれ当たりを許したくないのか，何としても記述をさせたかったのだろうか．

数魔鉄人

直線の傾きに結びつけるという発想を要求するというのは面白く，これも短答式記述式の試験として内容は良いと考える．しかし，このように日本語で表現させる設問は部分点の設定がないので，採点が難しく採点者の技量が要求されることになる．ということはこの問題も採点の問題はクリアーしていないということになる．

黒岩虎雄

第1回（2017年11月実施）試行調査について，大学入試センターウェブサイトに「結果報告」[注3]が掲載されている．

数学Ⅰ・A（100点満点）は平均点61.12，標準偏差21.35であるが，記述式部分に限ると，次のようなデータが公表されている．

	問(あ)	問(い)	問(う)
正答	2.0%	4.7%	8.4%
誤答	48.2%	38.3%	45.1%
無解答	49.8%	57.0%	46.5%

注3 https://www.dnc.ac.jp/daigakunyugakukibousyagakuryokuhyoka_test/pre-test_h29.html

数魔鉄人

この正答率の低さには驚く．記述式解答の配点が合計 15 点と大きいので与える影響を考えるとこの時点で記述式問題のありかたに関して本格的に議論すべきではなかったのか．

3　記述式試験の中身（2018 年試行調査）

黒岩虎雄

第 2 回（2018 年 11 月実施）試行調査においても，3 問の記述式問題が出題された．前年に実施した第 1 回試行調査と比較すると，解答が簡潔になるように出題方針が変更されているようである．前年度の正答率の低さが理由となっているようであるが，採点の困難さも加味されたことであろう．

記述式問題 3 問のうち，**(あ)** については本書第 1 章で，**(い)** については本書第 2 章で，すでに紹介が済んでいる．ここでは **(う)** の問題を紹介する．

試行調査2018より

$\angle ACB = 90^\circ$ である直角三角形 ABC と，その辺上を移動する 3 点 P, Q, R がある．点 P, Q, R は，次の規則に従って移動する．

- 最初，点 P, Q, R はそれぞれ点 A, B, C の位置にあり，点 P, Q, R は同時刻に移動を開始する．
- 点 P は辺 AC 上を，点 Q は辺 BA 上を，点 R は辺 CB 上を，それぞれ向きを変えることなく，一定の速さで移動する．ただし，点 P は毎秒 1 の速さで移動する．
- 点 P, Q, R は，それぞれ点 C, A, B の位置に同時刻に到達し，移動を終了する．

次の問いに答えよ．

(1) 図1の直角三角形 ABC を考える．

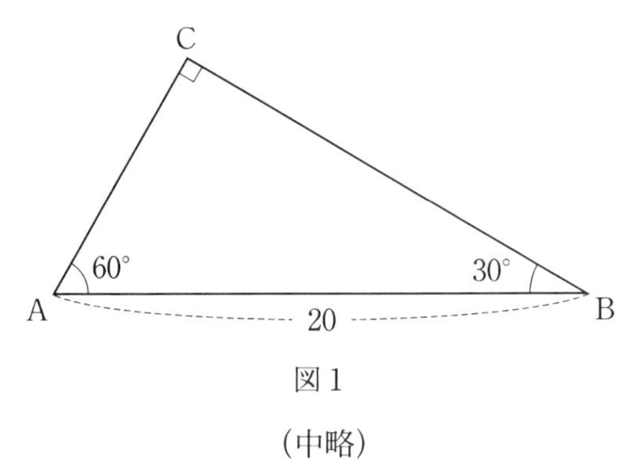

図1

(中略)

(iii) 各点が移動する間における三角形 APQ，三角形 BQR，三角形 CRP の面積をそれぞれ S_1, S_2, S_3 とする．各時刻における S_1, S_2, S_3 の間の大小関係と，その大小関係が時刻とともにどのように変化するかを答えよ．解答は，解答欄 **(う)** に記述せよ．

解答例

大学入試センター公表による．

《正答例1》　時刻によらず $S_1 = S_2 = S_3$ である．

《正答例2》　移動を開始してからの時刻を t とおくとき，
移動の間におけるすべての t について $S_1 = S_2 = S_3$ である．

《留意点》

・時刻によって面積の大小関係が変化しないことについて言及していないものは誤答とする．

・S_1 と S_2 と S_3 の値が等しいことについて言及していないものは誤答とする．

・移動を開始してからの時間を表す文字を説明せずに用いているものは誤答とする．

・前後の文脈により正しいと判断できる書き間違いは基本的に許容するが，正誤の判断に影響するような誤字・脱字は誤答とする．

黒岩虎雄

図形の問題のように見えるが，本質的には 2 次関数の問題である．点の移動の規則を記した文章を読んで，点の位置，線分の長さ，三角形の面積といった量を，時刻 t の関数として表すことを，自力で行う必要のある問題である．

数魔鉄人

このタイプの問題は試行テストの前のモニター調査の記述式モデル問題例でも出題されている．各大学の 2 次試験の内容に近いものであるため，2 次関数，三角比の章では取り上げなかったが問題としては良いと思う．しかし，ここでも採点上の問題は解決されていない．分かっているのに 0 点にされたということがいかにも起こりそうなのである．これでは自己採点など何の意味もなくなってしまうだろう．

黒岩虎雄

第 2 回（2018 年 11 月実施）試行調査についても，大学入試センターウェブサイトに「結果報告」[注4] が掲載されている．

数学Ⅰ・A（記述式部分を除く 85 点満点）は平均点 25.61，標準偏差 12.94 である．記述式部分に限ると，次のようなデータが公表されている．

	問(あ)	問(い)	問(う)
正答	5.8%	10.9%	3.4%
誤答	76.9%	44.5%	34.6%
無解答	17.3%	44.5%	62.0%

注4 https://www.dnc.ac.jp/daigakunyugakukibousyagakuryokuhyoka_test/pre-test_h30.html

数魔鉄人

第1回と比べるとかなり改善された印象であるが，それでも正答率は低すぎると考えるのが妥当だろう．各大学での2次試験を認めるのであれば，この正答率では記述式導入の意味はないと考えるのが自然で，この段階で記述式試験の導入は無理と考えるべきであったのだろう．

4　記述式試験の課題

黒岩虎雄

ここまで，2回にわたる6問の問題の中身をみてきた．最後に，共通テストにおいて記述式問題を実施することの課題（問題点）について見ておきたい．すでに国会等での議論と文科大臣の発表において既出の問題点としては，

(1) 答案枚数と納期から採点が物理的に困難
(2) 公平・公正な採点を実施するための採点者の確保が困難
(3) 記述式問題を出題することそのものの必要性が疑問
(4) 受験生が正確に自己採点をすることが能力的に困難

といった点が指摘されてきた．さらに，

(5) 受験生の出願先大学の教員でない者が採点することの妥当性

が問題となろう．さらには，採点が民間委託されることにより生じる問題点として，

(6) 問題あるいは採点にかかわる秘密保持が困難
(7) 利益相反行為のおそれ

も指摘され，その一部は「おそれ」ではなく現実のものとして報道されている．

(1)〜(4)については巷間でも十分に議論されていると思われるので，ここでは(5)以降について補足しておきたい．(5)についてだが，一般論として記述式試験の採点を完璧に精密に行うことは困難で，どうしても（程度の差はあれ）採点者の《主観》もしくは《価値判断》に委ねざるを得ない部分

が残るものである．その判断が，受験生の出願先の大学教員によってなされるのであれば，採点における一定程度の不安定さは社会的に許容されてきた．そもそも大学およびその教員には憲法上の《学問の自由》が保障されており，大学入試における学生の選抜にもその自由が及ぶと考えられているからである．もうお分かりであろう．共通テストで採点業務を《民営化》すると，この部分の前提が壊れるのである．

(6)の「秘密保持が困難」については，大学入試センターにおいても「事業者における守秘義務等についても，社会的疑念を招くことのない体制を確保するよう努めてきた」（令和元年 12 月 17 日，大学入試センター理事長名義の文書）などと述べてはいる．一方巷間の SNS 等では「受験生の保護者が採点を受託する会社に採点者登録をすることを予防することは不可能だろう」といった様々な仮説事例が挙げられている．守秘義務の誓約書にサインをさせれば大丈夫という議論は，建前論に過ぎない．

(7)の「利益相反行為」については，次の事例を紹介すれば十分だろう．「令和 2 年 2 月 17 日付けの産経新聞の記事において，大学入学共通テストの問題作成にかかわり，委員が記述式問題に関する例題集を出版し，その後，辞任していたとの報道がありました．この件について，以下のとおり大学入試センターとしての見解をお示しいたします．」[注5] 気になる方は，大学入試センターウェブサイトをご確認いただければと思う．

数魔鉄人

ということで共通テストの記述式解答の導入はやめたほうがよいだろう．入試改革の方向性としては間違っていないと思うが，現実的にここまで問題点を指摘されているようでは話にならないだろう．繰り返しになるがマーク形式の試験で，いかに思考力，判断力，表現力を問うものが作れるか，そちらの方に力を入れてもらいたい．

注5 独立行政法人大学入試センターウェブサイト https://www.dnc.ac.jp/

文科省より高大接続改革なるものが発表され，現行のセンター試験を廃止し新たに共通新テストを作ると伝えられたときは衝撃を受けたことを思い出す．基礎学力，処理能力を量る試験としてはセンター試験はとてもよくできており，ほとんどの私大が参加し大学側にとっても使い勝手のよい制度だと考えていたからである．しかし，思考力，判断力，表現力をより深く量れる新しいタイプの試験が必要であるといわれれば反論する材料はなく，またすでに決定事項であるならば早めに準備する必要があると考えたのが５年前くらいであっただろうか．数学にかんしていえば，当初は，合教科型，記述式導入が目玉であったが，最終的にはすべてマークシートの試験に落ち着いたことは周知の通りである．通常記述式の問題であれば，どんなに厳密な採点基準を作ったにしても，採点者によって多少の得点のブレは生じる．例えば，私と黒岩氏が同じ問題を採点したとしたら，まず同じ得点をつけることはないだろう．短答記述なら可能かと当初考えていたが，サンプル問題，試行テストなどをみると，やはり短答記述式でも採点のブレがあることがわかった．ということは，記述式導入見送りは正解だったということになる．しかし，思考力，判断力，表現力を量る新しいタイプのテストの必要性を否定するものではなく，処理能力と思考力の両方を量れるような試験はマークシートであっても作成可能であると考えている．試行テストを入念に分析することにより，50万人以上が受験する共通テストが，出題を工夫すれば選抜試験としての役割を十分に果たせるはずだと思うようになった．共通新テストの目指す方向を理解し，さらに研究を続けていきたいと考えているが，現時点において本書が受験生および受験生の指導のお役に立てることを願いたい．

令和２年４月
快刀乱麻を断つ
数魔鉄人

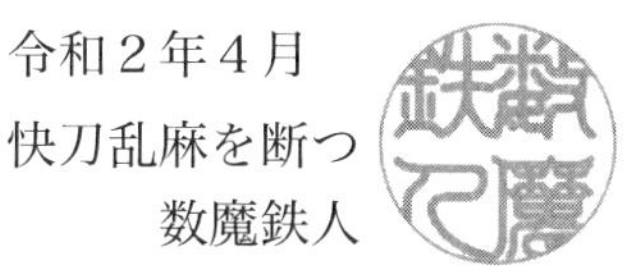

大学入学共通テストが目指す新学力観

数学ⅠA

2020年 6月23日　　　初版1刷発行

検印省略

著　者　数魔鉄人・黒岩虎雄
発行者　富田　淳
発行所　株式会社　現代数学社
〒606-8425 京都市左京区鹿ヶ谷西寺ノ前町1
TEL 075 (751) 0727　FAX 075 (744) 0906
https://www.gensu.co.jp/

装　幀　中西真一（株式会社 CANVAS）
印刷・製本　有限会社 ニシダ印刷製本

ISBN 978-4-7687-0536-0